纺织新技术书库

纺织服装面料热湿舒适性评价

李文斌　蒋培清　饶崛　著

中国纺织出版社有限公司

内 容 提 要

本书通过设计模拟人体平面部分作圆周运动的热湿性能测试装置,深入分析不同材料、组织结构及层数的织物在动态运动中的热湿传递性能。该装置通过控制环境参数(温度、湿度、风速)与运动速度,定量测量织物表面温湿度及热板散失功率,揭示织物传热特性。同时,本书研究织物动态放湿过程中的温湿度变化,探讨运动速度、初始回潮率及纤维材质对织物热湿状态的影响。

本书适合纺织工程及材料领域的相关人员阅读。

图书在版编目(CIP)数据

纺织服装面料热湿舒适性评价 / 李文斌,蒋培清,饶崛著 . --北京:中国纺织出版社有限公司,2024. 12.--(纺织新技术书库). -- ISBN 978-7-5229-2421 -2

Ⅰ. TS941. 17

中国国家版本馆 CIP 数据核字第 20250YC296 号

责任编辑:由笑颖 范雨昕 责任校对:高 涵
责任印制:王艳丽

中国纺织出版社有限公司出版发行
地址:北京市朝阳区百子湾东里 A407 号楼 邮政编码:100124
销售电话:010—67004422 传真:010—87155801
http:// www.c-textilep.com
中国纺织出版社天猫旗舰店
官方微博 http:// weibo.com/2119887771
三河市宏盛印务有限公司印刷 各地新华书店经销
2024 年 12 月第 1 版第 1 次印刷
开本:710×1000 1/16 印张:14.75
字数:240 千字 定价:88.00 元

感谢下列项目和组织的大力资助：

武汉纺织大学学术著作出版基金

湖北省教育厅 2024 年度新工科实践教学建设项目

（"多维"理论与实践下的"一流"纺织工程设计与创新 XGK03078）

武汉纺织大学研究生教研项目

（一流学科建设背景下的《新型纺织测试仪器》课程教学改革与实践）

武汉纺织大学本科生重点教研项目

（"真染实炼"在国家一流课程《纺纱学》"新工科"教学模式中的改革与实践）

纺织新材料与先进加工全国重点实验室（武汉纺织大学）

湖北省数字化纺织装备重点实验室

利郎（中国）有限公司

际华三五零九纺织有限公司

湖北双迅纺织有限公司

湖北响堂科技有限公司

武汉纺织大学纺织科学与工程学院

前　言

在纺织科学与材料工程领域，织物的热湿舒适性能一直是研究的热点与难点。随着科技的进步和生活品质的提升，人们对纺织品舒适性的要求日益提高，尤其是在动态环境下，如运动过程中，织物的热湿舒适性能显得尤为重要。然而，目前关于织物在不同运动状态下热湿传递机制的系统性研究尚显不足，这在一定程度上限制了高性能纺织品的开发与应用。

鉴于此，本书致力于填补这一研究空白，通过构建一套模拟人体平面部分作圆周运动的热湿性能测试系统，对不同材料、组织结构及层数的织物在动态条件下的热湿舒适性能进行全面而深入的探索。本书不仅详细记录了试验设计、测试方法及数据分析过程，还深入剖析了运动速度、初始回潮率、纤维材质等关键因素对织物表面温湿度、热量散失及动态放湿过程的影响机制。

本书旨在为纺织科学研究者、工程师、服装设计师及相关领域的学者提供一本兼具理论深度与实践指导价值的参考书。我们希望本书的出版能够促进学术界与工业界之间的交流与合作，共同推动纺织服装面料热湿舒适性能研究的深入发展，为开发更加符合人体工学、提升穿戴者舒适体验的高性能纺织品贡献力量。

同时，我们也期待本书的出版能够激发更多学者与研究者对织物热湿舒适性能的兴趣与关注，共同探索这一领域的未知与可能，为纺织科学的进步与发展添砖加瓦。

著者

2024 年 4 月

目　录

第一章

绪论

第一节 面料舒适性的定义

一、舒适的定义

舒适是指人们感到身心愉悦、安逸、放松的状态。它是指在环境和条件适宜的情况下，人们的身体和心理都能够得到有效的舒缓和放松。舒适是每个人追求的一种理想状态，它能够带来快乐和幸福感。

在物理层面上，舒适常常指一个人在物理环境中感到愉悦的程度。这包括温度、湿度、光线、气味、声音等各种感官因素对人的影响。例如，在冬天里，一个暖和舒适的房间可以让人感到身心放松，而寒冷的环境则让人感到不适。另外，安静舒适的空间可以帮助人们集中注意力、释放压力，提高工作和学习的效率。除了物理层面上的舒适，心理上的舒适也是非常重要的。人们希望身处一个和谐、温暖的人际关系中，感到被接纳和重视。在一个舒适的社交环境中，人们能够自由地表达自己的想法和情感，不受到压力和限制。此外，精神上的舒适也涉及个人兴趣爱好、对梦想和目标的追求。当一个人能够追逐自己的梦想并且感到满意和充实时，他就会感到心理上的舒适。

舒适还可以指人们在生活中享受各种乐趣和快乐。这包括美食音乐、艺术、运动和旅行等活动所带来的愉悦感受。例如，品尝一道美味的食物、欣赏一曲动人的音乐、观赏一幅美丽的画作等，都能够让人感到舒适和愉悦。另外，健康的身体、良好的休息和睡眠也是保持舒适的关键因素。只有在身体健康的基础上，人们才能够体验到真正的舒适。

舒适是社会发展过程中人类不断追求的目标，无论是现代先进交通工具的研发、设计，还是建筑楼宇的通风、空调等热湿设计工程，其目的都是使人们能够更加舒适地生活。

二、服装面料舒适性的定义

服装是人与环境接触的中间体，可以认为服装是保护人类不受环境伤害的第二皮肤，随着社会的发展和进步，人们对所处环境的舒适度提出了更高的要求，因此对服装面料的舒适性也越来越重视。人们对服装面料的舒适性不仅要求较高，并且涉及范围较广，因为只有服装在生理（满足人体热湿平衡需求等）、心理（符合人们的审美要求及宗教信仰等）、物理（力学特性等）等多方面处于和谐状态时，人们才感到舒适。斯莱特（Slater）将舒适性定义为人与环境间生理、心理及物理上协调的一种愉悦状态。

舒适性虽然是一个广泛、模糊而复杂的心理概念，但人们在使用织物的过程中确实能体会到舒适性的真实内涵。现代社会，纺织品流行的主题已从单纯的造型款式逐渐朝着以织物材料的舒适性为中心的方向转移。人们对服装的欣赏和使用提出了更高的要求，既要款式美观、大方得体，又要穿着舒适，全面考虑服装的功能。纺织品的舒适性和功能性已经成为服装生产企业取得市场竞争优势的关键。服装面料的舒适性指消费者在穿着服装时，穿着者的生理状态及心理感觉的各种反应，它受人体神经生理、热生理、生物力学特征和人的感觉心理以及穿着者历史文化背景的影响，是人体、服装面料和周围大气环境三者动态的相互作用过程。

服装面料的舒适性主要包括了心理舒适和生理舒适这两方面的内容，如图 1-1 所示。影响心理舒适的因素包括环境氛围、光线、颜色、空间感等，主要与消费者的心情有关。美学舒适性属于心理舒适，与织物的各项物理指标基本无关，美学舒适性主要指服装的颜色、流行款式、合身性等给人带来的满意度，与特定社会中流行的服装美学和流行趋势有关，并且不定量地依赖于织物的特性。服装面料影响生理舒适主要体现在三个方面，即服装面料的热湿舒适性、穿着舒适性和触觉舒适性。而这些舒适感觉都要由人体皮肤的各种感觉神经末梢感受、传导。服装面料的热湿舒适性主要指理想状态下的热湿舒适，与服装面料的热湿传递性能和透气性能有关；穿着舒适性主要与服装面料的本身性能、服装款式等因素有关；触觉舒适性主要包括接触舒适性和压力舒适性，其中接触舒适性主要指当服装面料与皮肤接触时所引发的各种神经感觉，与服装面料的表面特性相关，压力舒适性主要与服装允许人体自由运动、减少束缚以及保持身体形状相关。

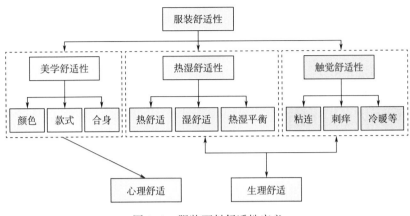

图1-1　服装面料舒适性定义

第二节　面料热湿舒适性定义及意义

一、面料热湿舒适性定义及原理

服装的热湿舒适性主要是指人体着装后，在不同的气候环境中，由于温度差的存在，人体与周围环境不间断地进行能量交换，当这种能量交换达到动态平衡时，人体感到不冷不热、不闷不湿的舒适满意程度。热湿舒适性是保持人体处于热湿舒适状态的性能以及在穿着过程中对人体微气候的调节能力，是人体—服装—环境相互作用的结果。影响服装热湿舒适性的因素主要有服装因素（隔热性、透湿性、覆盖面积、服装开口、热交换、透气性等）、环境因素（温度、湿度、风速等）、人体因素（动作、姿势等）。

具体来说，服装面料的热湿舒适性包含两个部分，即热舒适性和湿舒适性。

热舒适性指面料对热量的传导、透过和吸收能力，服装面料热舒适性的测试指标包括保温率、热阻等。服装面料的热舒适性良好，意味着它能有效地调节穿着者的体表温度，使其在不同环境温度下感到舒适。

湿舒适性指服装面料对汗液的吸湿、快干、排湿能力，服装面料湿舒适性的测试指标包括透气率、透湿量、湿阻和芯吸高度等。优秀的湿舒适性面料能迅速吸收汗液并将其转移到面料表面，有助于穿着者感到干爽和舒适。

这两个方面综合起来，决定了服装面料在各种气候条件下的热湿舒适性能。面料的选择对于穿着者的体验至关重要，特别是在运动、户外活动或者高温高湿环境中，良好的热湿舒适性可以减少穿着的不适感，增加穿着者的舒适度。

在较高温度环境下，热湿舒适性也包含触觉舒适性，触觉舒适性在热湿环境下的表现形式为接触热舒适与接触湿舒适，也会给人带来不适感，从而影响服装面料的热湿舒适性，人体与环境的热湿作用如图1-2所示。

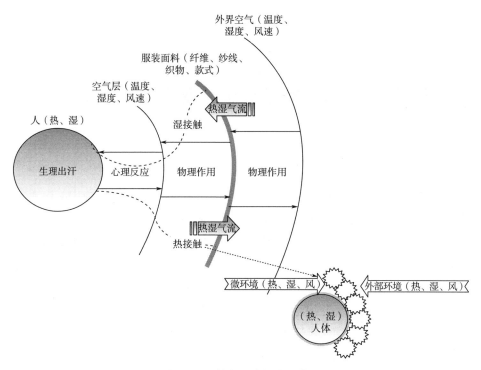

图1-2　人体与环境的热湿作用

触觉舒适性与生理舒适度有关，是指服装面料与人体皮肤接触时的感觉，如服装压力、刺痒感、刺痛感、过敏反应等，主要取决于穿着期间服装面料和皮肤之间的相互作用，涉及织物的力学性能和表面特性。例如，当织物潮湿时，其感官特性会发生变化，并且织物可能会附着在皮肤上，从而产生凉爽的效果，而潮湿的感觉和紧贴感会导致人心理感觉不适。

二、面料热湿舒适性的重要意义

服装面料的热湿舒适性是人体、服装面料、周围环境三者之间在生物热力学上的综合平衡，是人体活动水平及运动状态、服装材料款式和消费者的喜好信仰、周围环境气候条件等多种因素综合协调的结果。其中，构成服装的物质基础——织物，其热湿传递特性是影响服装舒适性的重要因素，因此在一定气候环境下，研究织物的热湿传递性能对研究服装面料的热湿舒适性有非常重要的意义。而且人体、服装所处环境中的空气并不是静止的，而是具有一定流动性，或者人体相对于周围空气是运动的，所以研究不同运动状态下的面料热湿传递过程，对研究服装面料的热湿传递及舒适性有重要意义。

1. 舒适性提升

良好的热湿舒适性可以显著提升穿着者的舒适感。无论是在寒冷还是炎热的环境中，穿着者都能感到温度适宜和干爽，从而减少不适感和疲劳，提高穿着体验。

2. 健康保护

合适的热湿舒适性可以有助于保护穿着者的健康。在高温高湿环境下，良好的透气性和排湿性能降低体温过高的风险，减少热应激。而在寒冷环境下，面料的保温性能则能有效保持体温，防止体表温度过低。

3. 运动表现优化

对于运动员和活动频繁的人群来说，热湿舒适性尤为重要。优秀的面料能够有效管理汗液和热量，帮助运动者保持干爽和适当的体温，改善运动表现和舒适度。

4. 功能性需求满足

不同场景和活动需要面料具备不同的功能性，如户外探险服、特种工作服等。面料的热湿舒适性设计能够根据环境条件和活动强度，提供合适的热量调节和湿气管理，满足穿着者的实际需求。

5. 环境适应性

面料的热湿舒适性设计还有助于环境保护和可持续发展。例如，选择具有良好透气性和快干性的面料有助于减少能源消耗（如空调使用），同时延长服装寿命，减少对环境的负面影响。

随着科技的进步和智能化的发展，服装作为与人体直接接触的材料不再只是一种普通的服饰面料，在极端环境及特殊领域，对服装的热、湿等功能化的需求正在稳步提升，如图1-3所示。因此，开发和提升面料的热湿舒适性意义重大。

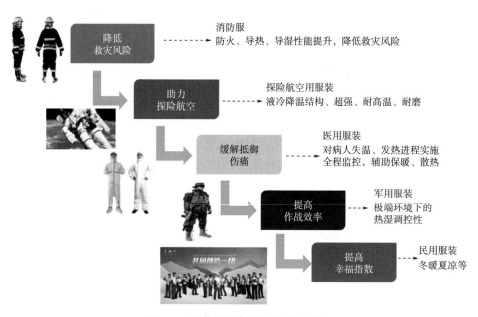

图1-3　服装热湿舒适性的重要意义

6. 在极端环境下服装的热防护性能

极端环境下服装热防护性能的提高有助于降低救灾风险。近年来，火场环境日益复杂，火灾发生频率不断上升。战斗在火灾现场的消防员随时会受到辐射热、对流热、火焰等因素的影响，从而造成烧伤甚至牺牲。他们在高温高湿环境中长时间进行高强度工作，会导致心血管疾病和脱水伤害，甚至会引发中暑、热衰竭或死亡。

7. 在探险活动中服装的对抗性能

在探险活动（攀登珠穆朗玛峰、航天活动）中热湿舒适性服装对抗极地寒冷、真空等环境，有助于探险、航空等事业的发展。如航天服可防止真空、高低温、太阳辐射和微流星等环境因素对人体的危害。现代新型的舱外用航天服还有液冷降温结构，可供航天员出舱活动或登月考察。

8. 医疗救援防护性能

在医疗救援中的防护服，可有效缓解和抵御伤痛。防护服能对病人的不正常温度进行预警，对病人失温、发热进程实施全程监控，同时还有辅助保暖、散热等功效。这有助于降低病人的风险，延长救助的有效时间，减少伤痛和病亡率。

9. 特种军用防护服舒适性、热湿调控性

部队特殊作战需要的特种军用防护服舒适性、热湿调控性的增强，能辅助提升作战效率。在特殊作战环境及极端环境发生改变的情况下，服装能实现湿热的自动调控。

三、面料热湿舒适性评价的意义

从 20 世纪 70 年代后期开始，对服装面料的舒适性研究主要集中在热湿舒适性方面，如何科学地定性、定量地对服装面料的热湿舒适性做出合理的评判是目前研究的主要课题。人体是一个有机体，不断进行着新陈代谢，人体皮肤不断向环境散发热量和湿气来维持皮肤表面温度的恒定。人体的舒适感觉取决于人体本身产生的热量、水分和周围环境散失的热量、水分之间能量交换的平衡，研究表明，舒适的衣内气候范围是：温度（32±1）℃，相对湿度（50±10）％。日常生活中，人们所期待的服装面料热湿舒适性是指服装能够适应自然环境和人体的活动状态，转移热量和水分使衣内气候保持在舒适的范围内。

由此可见，研究织物的热湿舒适性就需要研究测量其透通性，可通过测量织物的保暖性、透水性、吸湿性、透气性、蒸发速度等，间接反映服装在穿着时的舒适性，这是热湿舒适性的研究起点。近几十年来，科学工作者在舒适性机理、测试仪器、试验方法、生理因素、环境条件、织物的性能和结构与其舒适性的关系等方面做了大量的研究工作，取得了一系列的研究成果，使人们对于舒适性的认识越来越深入。

但是，服装面料的热湿舒适性是一个非常复杂的概念，人体、织物、环境三者之间任何一个因素及其子因素的变化，都可能会导致一系列的连锁反应，从而影响服装面料的热湿舒适性。现有研究在织物的热湿传递现象和理论、人体在不同运动强度下的生理特点及外部环境对人体和织物的影响等方面为后续研究提供了坚实的理论基础和研究路径，但还存在着诸多缺点和不足。

（1）织物各特征参数对服装热湿舒适性影响的研究繁杂，梳理性、系统性研究不足。服装是一个繁杂的系统，从纤维、纱线、织物到成衣，每一项参数的变化都有可能导致其热湿舒适性的变化和波动。现有研究面料的特征指标多集中在纤维原料、纱线结构、织物组织结构对服装热湿舒适性的影响，且研究结果呈现杂乱的态势。欠缺综合纤维、纱线、织物各特征指标与热湿舒适性指标的模型建立；各指标在热湿传递过程中，由于材料结构特性、外界环境特点的差异，权重系数大小有所不同；外部环境变化情况下的服装面料热湿舒适性的综合研究也不足。

（2）关于人体运动生理变化对服装面料热湿舒适性影响的研究较少，人群的差异性研究不足。服装热湿舒适性的穿着试验一般采用假人进行试验，在为数不多的真人试验中，又由于运动类型、环境温湿度、研究对象以及测量部位选取差异过大等问题，导致研究结论具有差异。而且现有研究中普遍忽略热湿传递过程人体和服装热和湿的变化规律以及人体舒适度感受的变化规律。

（3）服装热湿舒适性的全动态分析不足。很多情况下，人体处于运动状态，制成服装的织物也处于运动状态，服装与人体动态摩擦接触处于不恒定状态；人体出汗程度也随着运动强度的不同而不同；而且织物各指标与热湿舒适性及人体热湿舒适度感受的关联度大小会由于不同环境、人群、穿着特点不同而不同；另外，受吸湿滞后等因素的影响，织物干态、润态和湿态与人体接触的差异性（热湿舒适性与触觉舒适性关联度分析）及其导致的导湿导热和散湿散热也会不同。

（4）客观测试与主观评价未建立确定性关系。人体的舒适度感受，不仅受织物本身特性的影响，还与外部环境变化特别是个体差异导致的感受变化相关。不同环境下，不同人群感受度不同，实验设计的可重复性差，如何以特征人群来进行舒适性的指标描述是关键。

（5）仪器模拟真实环境欠缺。仪器不能完全模拟真实服装穿着环境，模拟织物动态、环境动态、人运动动态均实现的设备较少，且部分设备价格昂贵，局限性明显，针对性不足。

因此，要根据面料差异、人体差异、环境差异，并从客观及主观两方面共同协作评价服装的热湿舒适性才能切实体现面料穿着在人体之后，人体的真实舒适性感受。

第三节 服装面料热湿舒适性作用原理

服装面料的热湿传递性能直接影响到消费者穿着服装时生理上的热湿舒适感受。服装面料热湿传递性能不仅与其组成材料和组织结构有关，还与其所处环境如温度、湿度、辐照和风速有关，甚至与人的性别、年龄、运动强度等息息相关，如图1-4所示。也就是说，服装面料热湿舒适性是人体、织物、环境之间的生物热力学的综合平衡，它是气温、湿度、辐射温度、风速、人体活动水平、织物的热传递性能、湿传递性能、透气性能等多种因素的综合协调，其中织物的热、湿性能是影响服装穿着舒适性的基本因素。

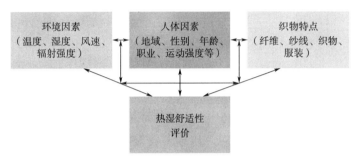

图1-4　服装面料热湿舒适性的评价体系

　　服装面料的热湿舒适性是通过其物理和化学特性来实现的，主要涉及热舒适性和湿舒适性两个作用原理。

一、热舒适性的作用原理

　　人体体表到环境的传热过程包含皮肤与服装之间空气层的热传递、服装材料的导热、服装与服装之间空气层的热传递，传热方式包含传导、对流、辐射和蒸发散热。服装在人体与环境的热交换中起到了隔热保温的作用，将服装的传热过程进行抽象化、理想化处理，可以得到服装传热模型，如图1-5所示。

　　热传导性，面料的热传导性决定了其对热量的传递速率。良好的热舒适性面料通常具有适当的热传导性，能够在冷热交替环境下有效地调节穿着者的体温。

　　透过性，面料的透气性和透湿性影响其对空气和水蒸气的透过率。适当的透过性使面料能够调节体表和环境之间的热交换，从而维持穿着者的热平衡。

　　热吸收与释放，面料吸收和释放热量的能力也是影响热舒适性的重要因素。某些面料能够在环境较热时吸收体表的热量，在环境较冷时释放热量，

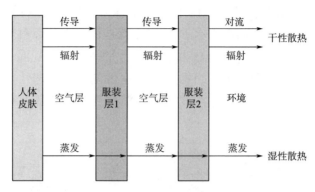

图 1-5　服装传热模型

帮助穿着者保持温暖。

　　在真实人体穿着服装的状态中，人体与环境之间的热交换是十分复杂的，服装传热模型不能完全反映。当人体穿着较为宽松的服装、人体在运动状态下或人体处在气流速度很大的环境中时，人体与服装之间、服装与服装之间的空气层除了具有传导和辐射作用外，还存在对流散热，并且空气层与环境之间也会存在对流散热。当服装材料比较蓬松时，服装内部存在辐射散热，因此为了综合反映服装的传热性能，提出了服装热阻的概念。服装热阻综合考虑了服装材料的传热性能、人体与服装之间空气层的传热性能、服装与人体的贴合程度、衣内空气层的流动等因素，能够更加全面地评价服装面料的热传递性能。

二、湿舒适性的作用原理

（一）湿传导的分类

　　在外界条件变化或进行不同运动量的活动时，人体通过自身的体温调节机制维持体热平衡，这是维持正常生命活动的必要条件。人体皮肤表面水的存在形式为气态和液态，气态水和液态水透过服装扩散到环境中的过程被称为服装的透湿。人体皮肤表面水分的散失可以分为无感出汗（又称无感蒸发、非显汗和潜汗）和有感出汗（又称有感蒸发、显汗）两种。织物中的水分传递可以分为织物水蒸气湿传递和液态水的传递。

1. 气态汗的传导

　　气态汗即非显汗，与人体汗腺活动关系很小，是指人体每时每刻从皮肤表面蒸发的水分，主要以气态的形式存在，气态汗的湿传递模型如图1-6所示。当人们在一般室温环境下正常活动时，人体不会感到明显出汗，即无感出汗，这时产生的主要是气态汗。气态汗只具有 $15g/(m^2 \cdot h)$ 的汗量，总散热量的97%通过皮肤以辐射、传导、对流和蒸发方式散失，其余3%随着呼吸等生理过程散失。气态汗主要借助于纱线之间的孔隙传导，与织物的透气性关系密切。

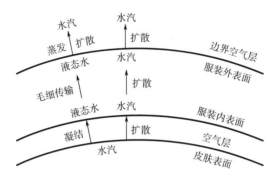

图1-6 气态汗的湿传递模型

2. 液态汗的传导

液态汗即显汗，与人体汗腺活动关系很大，是指当外界温度等于或超过皮肤温度或者人体进行剧烈活动时，汗腺分泌的汗液主要以液态的形式存在，液态汗的湿传递模型如图1-7所示。当环境温度升高或产热量增加到使人体出汗时，人体新陈代谢加快，体内产热量增多，皮下血管扩张，皮肤温度升高，汗液分泌增多，此时的出汗量可能超过 $100g/(m^2 \cdot h)$，液态汗也可能与气态汗同时存在。要使皮肤与服装间的微气候不呈现高湿热状态，保持生理

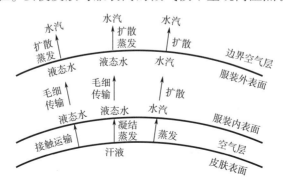

图1-7 液态汗的湿传递模型

上的舒适感，就需要服装能迅速地进行热湿传递，将汗气和汗液尽快地传输到织物外表面，蒸发后扩散到外界环境中去。因此，织物对液态水的传导速度以及织物的干燥速度等有一定的要求。

（二）湿传递的方式和途径

人体表面的水分通过服装的开口和服装面料两种途径扩散到环境中，图1-8为服装湿传递示意图。服装湿传递分为感知蒸发和不感知蒸发两类。依据服装湿传递过程，常用服装湿阻和透湿指数表征服装的透湿性能。

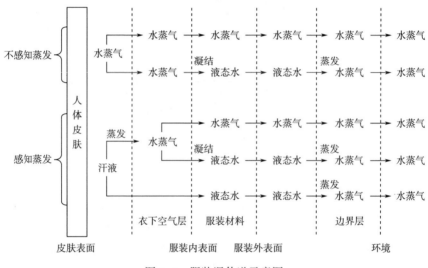

图1-8　服装湿传递示意图

与服装面料湿传递有关的特性主要有吸湿性、快干性和排湿性。优秀的湿舒适性面料具有良好的吸湿性，能够快速吸收穿着者的汗液。面料的快干性决定了吸湿后的干燥速度，具有快干性的面料可以迅速将汗液吸收、传导、蒸发，有助于保持穿着者的干爽感。面料的排湿性指将汗液从面料内部传输到外部的能力。有效的排湿性能帮助面料及时从内部释放湿气，减少穿着者的不适感和热量损失。

根据织物的热湿舒适性机理，无论是合成纤维还是天然纤维，织物不能及时传导液态水是引起穿着者不舒适感的主要原因，所以，液态水传导性能是面料热湿舒适性的一个主要参数。总之，干燥织物表现出与外部湿度瞬态对应的三个阶段的运输行为，如图1-9所示。

第Ⅰ阶段由两个快速过程控制：水蒸气扩散和液态水在填充纤维孔隙间

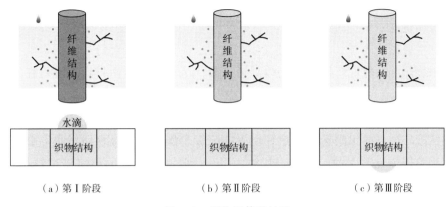

（a）第Ⅰ阶段　　　　　　　（b）第Ⅱ阶段　　　　　　　（c）第Ⅲ阶段

图1-9　织物湿传递过程

的空气中扩散，这个阶段在几秒内达到新的稳态。在此期间，水蒸气因在两个表面上存在浓度梯度而扩散到织物中。同时，由于表面张力，液态水开始从较高液体含量的区域流出到干燥区域。

　　第Ⅱ阶段的特征是纤维的水分吸收相对缓慢，需要几分钟到几小时才能完成。在此期间，随着水蒸气扩散到织物中，织物纤维吸水，这会增加纤维表面的相对湿度。在液态水扩散到织物中之后，由于纤维表面上的水膜而使纤维表面饱和，这将进一步增强吸附过程。在这两个过渡阶段中，水分传递以四种不同形式呈现，即吸附、解吸、蒸发、冷凝。

　　最终，第Ⅲ阶段达到稳态，在该阶段中，所有形式的水分传输和传热过程都趋于稳定，并且它们之间的耦合效应减弱。温度、水蒸气浓度、纤维水含量、液体体积分数和蒸发速率的分布随时间变化。随着液态水在织物上表面的蒸发，液态水从毛细管中被吸到上表面。

　　综上所述，与面料湿传递有关的特性影响着其在不同环境条件下对人体微气候的调节能力，从而决定穿着体验的舒适性。

三、织物热湿舒适性的主要测试指标

　　北京航天医学工程研究所提出了人体舒适状态下有关生理指标的大致范围，其中代谢产热量为81~104J，不显汗蒸发水分量为65g/h，直肠温度为37℃，平均皮肤温度为33℃。

　　然而，在实际生产生活当中，人体要始终保持舒适状态并不是一件易事，特别是在高温、极寒或高强度运动状态下。如何将人体的热、湿及时排出，如何保障人体的舒适温湿度是当今舒适性研究的热点和难点，服装面料的热湿传递是这一难点研究中的重点。通过分析纤维、纱线、织物的热、湿关系，找到主要影响因子，并探究微气候热、湿、辐射、风速对舒适性的影响，提升服装热湿功能性，使人体获得舒适体验，是今后服装面料舒适性研究的重点和关键。

面料作为人体热量和湿度交换的媒介，其给人体带来的舒适性体验主要包括冷环境下的保暖透气和热环境下的凉爽干燥。影响服装面料热湿舒适性的相关指标见表1-1，纤维、纱线、织物、服装等对应的热湿舒适性指标、表观形态和结构特征指标及相关综合指标是研究面料热湿舒适性的关键。

表1-1 影响服装面料热湿舒适性的相关指标

项目	表征指标	热指标	湿指标
纤维	结构、抗弯刚度、模量、表观形态、摩擦特性、导热系数、比热容、吸湿积分热、吸湿微分热等	热阻、绝热率、导热系数、克罗值、保温率、对流换热系数等	湿阻、芯吸高度、透湿量（透湿率、透湿指数）、蒸发量等
纱线	结构、捻度、细度、混纺比等		
织物	紧密度、充满系数、克重、厚度、密度、织物组织结构等		
服装	与人体接触特点（松紧、施压、接触面积等）		
微气候	温度、湿度、风速、平均辐射度等		
舒适感（人体）	体核温度（一般使用直肠温度）、平均皮肤温度、平均体温、代谢产热量、热平衡差、热损失、出汗量、心率和血压等	闷热	粘黏
舒适性	干态、润态、湿态	热舒适	湿舒适

本章介绍了面料舒适性的核心定义，特别是提高面料热湿舒适性的重要性与深远意义。面料舒适性涵盖了面料在接触人体时展现出的多维度性能，旨在确保穿着者的生理健康、心理舒适与活动自如等。其中，面料热湿舒适性作为衡量服装品质的关键指标，其重要性不言而喻。面料热湿舒适性是指面料在人体与环境间有效调节热湿交换，以维持人体皮肤微气候处于最佳舒适状态的能力。这一性能不仅关乎穿着者的即时感受，更长远地影响着其健

康与生活质量。因此，提升面料热湿舒适性不仅是纺织科技发展的必然趋势，还是满足消费者对高品质生活追求的必然要求。其作用原理基于复杂的热湿传递机制，通过科学的设计与创新技术，如优化面料结构、精选高性能纤维及采用先进的后整理工艺等，可实现对面料热湿性能的精准调控。这一过程不仅体现了纺织材料科学的深厚底蕴，也彰显了跨学科合作在推动纺织行业进步中的关键作用。

第二章

纺织服装面料热湿舒适性评价的判定

第一节 热湿舒适性的研究现状

一、热湿舒适性的相关机理研究

（一）国内外织物静态热湿机理研究

服装面料舒适性的研究来源于人们对于服装面料防寒保暖的需求。1891年，鲁布纳（Rubner）等人在前人的基础上以纤维特性和织物为出发点研究了面料的保温性，在试验中引入了皮肤温度、衣内温度、代谢等物理学研究方法，并指出了衣服过多、过厚的危害。由于热流遵循与电流类似的欧姆定律关系，1912年，美国科学家采用了类似电阻的方法来评价纺织品隔热性能，即热欧姆，其定义为纺织品两面的温度差 ΔT 与通过单位面积试样的法向热流量 Q 之比，单位为 $\mathrm{℃} \cdot \mathrm{m}^2/\mathrm{W}$，其实质是将人体与外界环境之间的热交换过程简化成一个等效热传导过程，即热量从皮肤表面通过服装面料的热传导和热对流传递到外界环境中，这个过程可以用图 2-1（类似电路中电阻形式）来表示，其中 $t_0 > t_1 > t_2 > t_e$，温差为热量传递的驱动力。

t_0 t_1 t_2 t_e

皮肤　　　空气层　　　服装　　　空气层　　　外部环境

图 2-1　服装热阻示意图

1940 年，生理学家塞泊尔（P. siple）研究了人体与环境间的热交换过程，并从生理学角度提出了服装保暖原则，如图 2-2 所示。1941 年，盖奇（Gagge）和伯顿（Burton）提出将克罗值（CLO）作为评价服装面料的保温指标，其定义为：在标准状态下（室温21℃，相对湿度小于50%，风速0.1m/s以下，下同），静坐或从事轻度脑力劳动的人，感到舒适时所穿着的服装的隔热值为1CLO，它的值相当于0.155m²·K/W，此状态下人体的新陈代谢率为58.14W/m²，人体皮肤表面平均温度为33℃，其中大部分热量以显热的形式散失到周围环境中。1946年，皮尔斯（Peirce）等人提出用热阻（TOG）来评价织物或多层织物的保温隔热性能。

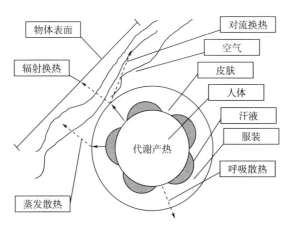

图2-2　人体与外界环境的热交换形式

织物的热传递性能测试方法主要有冷却法、恒温法和平板法。冷却法是将作为热源体的高温铜体预先加热到36℃以上，置于标准状态的环境中，上方有3m/s的气流使其冷却，记录高温铜体从36℃冷却到35℃所需的时间，或者在一定时间内下降的温度。由所需时间计算出保温率，其具体公式如式（2-1）所示：

$$Q_t = \frac{t_1 - t_0}{t_0} \times 100\%　\qquad (2-1)$$

式中：Q_t为高温铜体从36℃冷却到35℃时的保温率；t_0为无织物试样时温度下降1℃所需时间；t_1为有织物试样时温度下降1℃所需时间。

由温差计算温差保温率，其公式如式（2-2）所示：

$$\Delta Q_t = \frac{\Delta T_1 - \Delta T_0}{\Delta T_0} \times 100\%　\qquad (2-2)$$

式中：ΔQ_t为温差保温率；ΔT_1、ΔT_0分别为在有、无织物试样覆盖发热体一段时间后的温度下降值。

冷却法可以比较服装材料的隔热性能，但不能确定隔热值。恒温法是将发热体在气温为20℃、相对湿度为65%的标准状态环境中放置一定时间（通常试验时间为2h）。记录在此期间使发热体表面温度恒定在（36±0.5）℃时的耗电量，并计算被测织物试样的保温率。

$$Q_h = \frac{E_0 - E_1}{E_0} \times 100\% \tag{2-3}$$

式中：Q_h 为恒温法测量的保温率；E_0 为无织物试样时发热体的耗电量（W）；E_1 为包覆织物试样时发热体的耗电量（W）。

现阶段我国纺织品的保温性能测试基本都是以蒸发热板法进行测试，如图2-3所示，如现行国家标准GB/T 11048—2018就是通过蒸发热板法对织物进行测试，不仅能够得到织物的保温性能，还能计算出织物的整体热阻、湿阻、透湿指数、透湿度等相关指标。图2-3展示了服装热传递模型，描述了人体通过服装与环境之间的热交换过程。传导是通过服装材料的直接接触传递热量，对流是通过空气层的流动进行热交换，辐射是以红外辐射的形式从皮肤和服装表面散发热量，而蒸发散热通过汗液蒸发带走热量，是调节体温的重要机制。该模型强调了服装在热管理中的多重作用，包括隔热、通风和湿度调节，通过优化服装材料和设计，可以有效控制热传递，提高穿着者的舒适性。

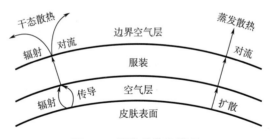

图2-3　服装热传递模型

当人体处于出汗状态时，通过每平方米服装的总散热量 φ_t 由非蒸发散热（显热）量 φ_d 和蒸发散热（潜热）量 φ_e 两部分组成，即：

$$\varphi_t = \varphi_d + \varphi_e \tag{2-4}$$

$$\varphi_d = \frac{t_s - t_a}{R_h} \tag{2-5}$$

式中：φ_d 为非蒸发散热量（W/m²）；t_s 为皮肤表面温度（℃）；t_a 为环境温度（℃）；R_h 为服装和表面空气层热阻之和（m²·℃/W）。

$$\varphi_e = W \frac{P_s - P_a}{R_w} \qquad (2-6)$$

式中：φ_e 为蒸发散热量（W/m²）；W 为皮肤湿润率（%）；P_s 为皮肤表面饱和水汽压（Pa）；P_a 为环境实际水汽压（Pa）；R_w 为服装和表面静止空气层蒸发阻力之和（m²·Pa/W）。因此，服装的总散热量为：

$$\varphi_t = \varphi_d + \varphi_e = \frac{t_s - t_a}{R_h} + W \frac{P_s - P_a}{R_w} \qquad (2-7)$$

根据伍德科克（Woodcock）理论，则透湿指数为：

$$i_m = \frac{R_h / R_w}{LR} = 60.61 \times \frac{R_h}{R_w} \qquad (2-8)$$

式中：i_m 为服装的透湿指数（无量纲）；LR 为李维斯（Lewis）常数，0.0165℃/Pa。

液态水表面上水蒸气的蒸发方程以及毛细管中水蒸气的凝结、蒸发等理论都有其方程来解释其过程。其中，织物表面（水平液面）水蒸发速率 q 关系式为：

$$q = -D \frac{M}{RT \cdot L} \left[P_0 e^{-\frac{\Delta H}{R}\left(\frac{1}{T} - \frac{1}{373.15}\right)} - P \right] \qquad (2-9)$$

式中：D 为扩散系数；M 为水的摩尔浓度；P_0 为服装外空气的水蒸气分压（Pa）；P 为测试点的水蒸气分压；T 为测试点的温度；ΔH 为测试点的湿度；L 为有效扩散厚度；R 为普适气体常数。

水蒸发速率的测定方法有水皿法（天平称取蒸发量）、毛细管法（测蒸发水量体积）和液面高度法，如图2-4所示。

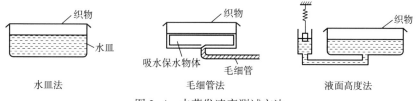

图2-4 水蒸发速率测试方法

针对毛细管中水分的蒸发、凝结与传递，姚穆院士讨论了毛细管中蒸发（或凝结）时的临界半径问题。当气相、液相在毛细管中发生平衡时，毛细管中水汽凝结公式为：

$$\left(\frac{\partial A}{\partial V_L} \right)_T = -\frac{2}{r'} = -\frac{2\cos\theta}{r} = \frac{RT \times \ln \frac{p}{p_s}}{a_{LG} V_{GM}} \qquad (2-10)$$

式中：r' 为气相液相界面的球半径；r 为毛细管的有效半径；A 为管内表面积；V_L 为液态水的体积；θ 为液滴接触角；a_{LG} 为气液表面张力；V_{GM} 为气体的摩尔体积；p 为测试点的水蒸气压；p_s 为水汽的饱和蒸气压力。

20 世纪末，国内外许多纺织工作者开发出了许多由两种不同原料纱线经织造复合而成的具有单向导汗及舒适快干的织物（如涤盖棉、快干面料等），此类面料是一种新型功能性面料，传统的织物毛细管测试仪和织物表面润湿性能测试仪不能客观评价该类面料的快干热湿舒适性能。

（二）国内外织物动态热湿机理研究

织物动态热湿性能测试指的是在测试环境中，通过模拟人体皮肤表面温度、湿度的变化等进行测试的方法。法恩沃斯（Farnworth）、若野、龚文忠、温巴赫尔（Vmbachl）等人对织物进行了类似的研究工作。原田、李毅、施楣梧、王云祥等人在测试织物热湿传递性能时，同时测量织物周围微气候环境的温湿度变化，研究微气候温湿度变化对织物的影响。由于人体着装经常处于动态环境中，穿着者在活动中虽然已经出微汗，但汗水已在皮肤汗道内蒸发，使人体与服装间的小气候中的湿度增大，但尚未出现液态汗水，这就要求织物能将小气候中大部分汗气尽快疏导到环境中去，以保持穿着的舒适感，这种水蒸气较高的疏导能力即为织物的气相缓冲作用，如图 2-5 所示。

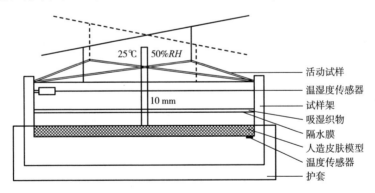

图 2-5　气相缓冲测试装置示意图

2000 年，东华大学的蒋培清等人研制了织物动态热湿性能测试仪，该仪器可定量测量汗液蒸发过程中皮肤的热损失（热流）变化及微气候区温湿度变化，两种测量可在该仪器上同时完成，两种测试结果可互为补充。同时，利用该仪器测试织物的测试结果与高温静立状态下的人体实验测试结果具有一致性，但在高温运动状态下的人体实验由于运动的影响，与织物动态热湿性能测试仪的测试结果差别较大。该仪器的具体测试结构示意图如图 2-6 所示。

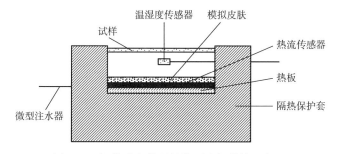

图 2-6　织物动态热湿性能测试仪结构示意图

　　图 2-7~图 2-9 是蒋培清研制的织物热湿动态测试仪测试纯毛织物的典型热流曲线以及微气候环境中温度和湿度的变化曲线。

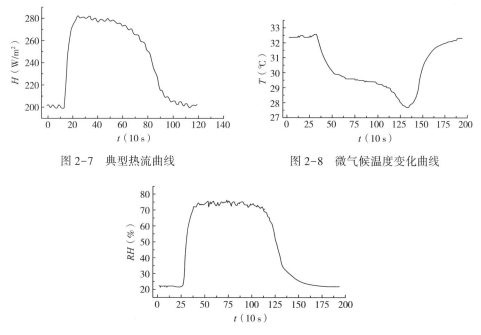

图 2-7　典型热流曲线　　　　　　图 2-8　微气候温度变化曲线

图 2-9　微气候湿度变化曲线

　　可以利用图 2-10 中的模型对人体活动水平、环境条件、冷却性能等影响因素进行参数研究，通过热生理模型和热感觉模型对人体温度进行预测。2010 年，丁丹等人模拟皮肤上单层织物在封闭环境下的热湿传递过程，并模拟此过程中织物面料热阻与湿阻的变化规律，研究结果表明，数值模拟计算结果与实际测试有较好的吻合性。2011年，丁丹等人采用其前期热湿传递模型研究了织物与模拟皮肤间距离大小、织物层数和组成材料对织物热阻、湿阻的影响，结果表明：织物与模拟皮肤间距离增加时，热阻和湿阻迅速增加，同时织物热阻和湿阻随织物层数增加呈线性增加趋势，虽然织物组成材料的导热系数对其热阻有一定的影响，但其热阻并不是呈线性增加趋势。

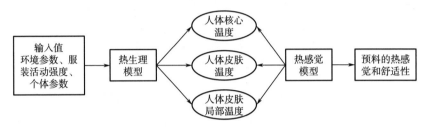

图2-10　人体—服装—热生理模型

（三）国内外织物热、湿耦合性能研究

织物的热湿耦合传递被认为是影响服装动态舒适性的最重要因素之一。1939年，亨利（Henry）等人就建立了描述织物热湿传递的热湿耦合模型。由于组成织物的纤维在吸湿后变化比较复杂，并涉及多方面的影响因素，因此亨利建立模型时提出如下假设条件：①对高吸湿性纤维如羊毛、棉花等，由于吸湿而引起的纤维体积变化忽略不计；②由于通过织物内纤维水的扩散系数远小于空气中水的扩散系数，因此水在纤维内的湿传递忽略不计；③织物内纤维直径较细，水蒸气在空气中的传播速度远大于在纤维中的传播速度，因此在整个模型计算中忽略水蒸气在纤维内部的传播速度；④纺织纤维直径比较细，其表面积较大，因此在纤维和空气间的热交换过程可以认为是瞬间完成。具体模型方程如式（2-11）所示：

$$(1-\varepsilon)\frac{\partial C_{\mathrm{f}}}{\partial t}+\varepsilon_{\mathrm{fab}}\frac{\partial C}{\partial t}=\varepsilon_{\mathrm{fab}}D_{\mathrm{e}}\frac{\partial^{2}C}{\partial x^{2}} \tag{2-11}$$

$$(1-\varepsilon_{\mathrm{fab}})C_{\mathrm{v,fib}}\frac{\partial T}{\partial t}-(1-\varepsilon_{\mathrm{fab}})\Delta H\frac{\partial C_{\mathrm{f}}}{\partial t}=K\frac{\partial^{2}T}{\partial x^{2}} \tag{2-12}$$

式中：ε 为纤维材料发射率；C_{f} 为织物内纤维的水蒸气浓度；t 为时间；$\varepsilon_{\mathrm{fab}}$ 为织物的孔隙率；D_{e} 为有效扩散系数；C 为织物孔隙内的水蒸气浓度；x 为距离；$C_{\mathrm{v,fib}}$ 为组成织物纤维的体积热容；ΔH 为组成织物纤维对水蒸气的吸附和解吸附；K 为热导率；T 是织物的温度。

1981 年，格里戈切维奇（Ogniewicz）等人研究了有相变传递的热湿过程，在他们的建立的热湿模型中，假定液态水处于摆动状态，即在整个热湿传递过程中，液态水的凝结量随时间而变化，但液态水并不流动。莫特克（Motkef）等人在格里戈切维奇建立的模型基础上将此模型推广到液态流体在多孔材料介质中的流动情况，其建立的模型方程如式（2-13）～式（2-15）所示：

$$\frac{\partial C_a}{\partial t} = D_a \frac{\partial C_a}{\partial x} + \Gamma_{lg} \qquad (2-13)$$

$$C_v \frac{\partial T}{\partial t} = T \frac{\partial^2 T}{\partial x^2} - \lambda_{lg} \Gamma_{lg} \qquad (2-14)$$

$$\rho_c \varepsilon \frac{\partial \theta}{\partial t} = \rho_c \varepsilon \frac{\partial}{\partial x} \left[D_1(\theta) \frac{\partial \theta}{\partial x} \right] - \Gamma_{lg} \qquad (2-15)$$

式中：C_a 为水蒸气浓度；D_a 为水蒸气与空气环境的扩散速率；Γ_{lg} 为液态水的蒸发速率；C_v 为多孔材料中水蒸气热容；λ_{lg} 为液态水蒸发潜热；ρ_c 为多孔材料中水蒸气的密度；θ 为水分含量；D_1 为扩散系数。

1998 年，博尔德（Bouddour）等人研究了湿润条件下多孔材料的蒸发、凝结过程，并建立了相应的热湿传递方程。王（Z. Wang）等人建立了一个多孔介质中质量平衡方程描述液态水的传递过程，并且推导液态水在多孔纺织面料中的扩散方程，此方程含有纤维表面张力、纤维表面接触角和等效毛细管孔径等参数，如式（2-16）～式（2-19）所示：

$$\frac{\partial(C_a \varepsilon_a)}{\partial t} = \frac{1}{\tau_a} \frac{\partial}{\partial x} \left[D_a \frac{\partial(C_a \varepsilon_a)}{\partial x} \right] - \xi_1 \varepsilon_f \Gamma_f + \Gamma_{lg} \qquad (2-16)$$

$$\frac{\partial(\rho_1 \varepsilon_1)}{\partial t} = \frac{1}{\tau_1} \frac{\partial}{\partial x} \left[D_1 \frac{\partial(\rho_1 \varepsilon_1)}{\partial x} \right] - \xi_2 \varepsilon_f \Gamma_f + \Gamma_{lg} \qquad (2-17)$$

$$C_v \frac{\partial T}{\partial t} = \frac{\partial}{\partial x} \left[K_{\min}(x) \frac{\partial T}{\partial x} \right] + \varepsilon_f \Gamma_f (\xi_1 \lambda_v + \xi_2 \lambda_1) - \lambda_{lg} \Gamma_{lg} \qquad (2-18)$$

$$\Gamma_{lg} = \frac{\varepsilon_a}{\varepsilon} h_{lg} S_v \left[C^*(T) - C_a \right] \qquad (2-19)$$

式中：τ_a、τ_1 为时间常数；ε_a 为水蒸气所占体积数；ξ_1、ξ_2 为比例系数；ε_1 为液态水所占体积数；ρ_1 为液态水密度；ε_f 为纤维所占体积数；$K_{\min}$ 为热导率；λ_v、λ_1 为相变潜热；h_{lg} 为液态水的质传递系数；Γ_f 为水蒸气的吸附速率；S_v 为表面积。

　　上述建立在微元体上的热、湿耦合模型是以热湿传递物理过程所涉及的传湿传热变化而建立的，考虑了吸湿/放湿机理、液态水的毛细管效应等，但整个过程仍然比较单一，没考虑外部环境温湿度的变化、周围大气环境对流传热、传湿对整个模型的影响。

　　2004 年，香港理工大学李毅从相变材料出发，建立了多相热质传输耦合模型，在多孔材料结构中研究相变材料的传热与导湿性能。范进图也建立了模型进行仿真，研究织物热湿传输过程中的多相混合过程和相变（蒸发与凝结）过程。李毅等人研究了不同纤维的动态吸湿过程，并且测试了在吸湿过程由于吸湿放热引起的织物表面温度的变化情况，具体试验是把织物放置在一个温度保持在 20℃、相对湿度为 0 的密闭室中，然后将相对湿度突然调节到 99%，通过热电偶测量织物表面温度在 90min 的变化，具体温度变化情况如图 2-11 所示。从图 2-11 中可以看出，羊毛织物的吸湿放热温度最高，其次是棉织物，根据织物组成特性可以看出，在外界湿度变化过程中，吸湿性较强的羊毛织物比吸湿性较差的涤纶织物有更强的质量和能量交换能力。

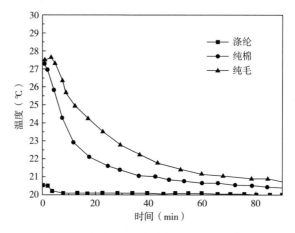

图 2-11　织物吸湿放热表面温度变化曲线

（四）气流场环境下织物的热湿机理研究

　　1965 年，方塞卡（Fonseca）和布雷肯里奇（Breckenridge）等人研究了人体周围微环境中压力变化对人体与服装面料微气候的影响。他们将一个加热圆柱体放在风洞中，测试了加热圆柱体不同部位、不同风速时面料内的压力变化，如图 2-12 所示。两个同心的壳覆盖在热圆柱体的外表面，两个同心壳间采用一定厚度的织物填充。方塞卡和布雷肯里奇认为两个同心壳空间具有均匀压力，外层壳表面压力分布不均匀，则引起空气由迎风位置向织物内部渗透。

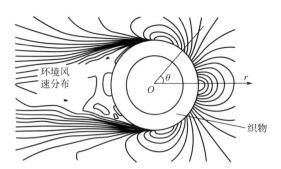

图 2-12　风洞实验中服装面料受载状态示意图

1983 年，斯图尔特（Stuart·I）等人将迎风向的圆柱体划分为若干个节点，各点的风压是不一样的，圆柱体内外压力也不一样，具体如图 2-13 和图 2-14 所示。

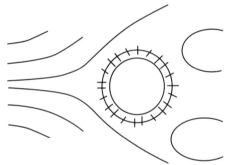

图 2-13　服装外围节点划分示意图

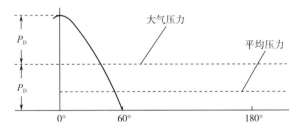

图 2-14　服装外围各节点处风压分布及平均值

在此基础上还研究了有风环境中传热与导湿的基本公式：

$$H_\mathrm{d} = \frac{0.0202}{I} \times (T_\mathrm{s} - T_\mathrm{a}) \times d \qquad (2-20)$$

$$M_\mathrm{d} = \frac{0.58 \times 10^{-6}}{R} \times (P_\mathrm{s} - P_\mathrm{a}) \times d \qquad (2-21)$$

式中：H_d 为传热量；I 为热阻；T_s 为测试点温度；T_a 为环境温度；M_d 为导

湿量；R 为湿阻；P_s 为测试点空气气压；P_a 为环境气压；d 为特征长度。

　　乔治（George·E）等人研制了一个模拟风速的循环旋转装置，如图 2-15 所示，研究了有无织物试样覆盖圆柱体在不同模拟风速时的热损失以及水蒸气透过织物在通风条件下基于竹内（Takeuchi）理论的模型，该模型同时验证了竹内理论，如图 2-16 所示，图中展示了环境、空气膜、织物层和内部加热的模型。"一般环境"指的是模型所处的整体外部条件，如温度和湿度。"空气膜区域"描述了在物体表面形成的一层薄空气层，可能涉及空气流动和热传递过程。"织物层区域"表示模型中的织物层，可能是用于隔热或过滤的材料，其特性会影响热传递和空气流动。"内部加热"表明模型内部有加热源，用于控制温度或促进空气流动。该模型可能用于研究热传递、空气流动或材料性能。该模型可代替风洞模拟有风环境中人体着装热损失，测量表面降温速率。乔治等人还提出了降温速率的角度分布，以及影响降温速率的因素：织物孔隙率、相变材料、服装层数。

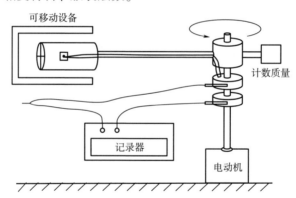

图 2-15　模拟通风环境的循环旋转装置

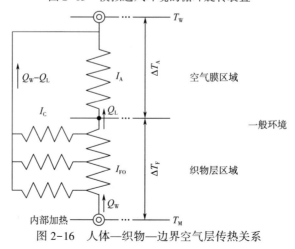

图 2-16　人体—织物—边界空气层传热关系

二、面料及微气候对热湿舒适性的影响研究

人体热量和湿度的传递是一个复杂而精细的过程。

人体热量的传递主要通过三个关键阶段将热量从皮肤有效地传递到外界环境（图2-17）。第一阶段，热量从人体皮肤开始，通过直接接触传递给紧贴皮肤的织物内层。第二阶段，热量在织物内部进行传递，从内层扩散到外层，这个过程涉及织物内部的热传导、热对流以及可能的热辐射。第三阶段，热量从织物外层传递到外界环境，此时热传递主要通过织物表面与周围空气之间的对流和辐射进行。在第一阶段中，皮肤表面与织物的微小温差驱动热量以热传导的方式向织物内层流动。织物的材质、纤维结构以及织物与皮肤的接触面积都会影响这一阶段的热传递效率。在第二、第三阶段中，织物的厚度、密度、孔隙率以及纤维的热导率等因素都会影响热量在织物内部的传递速度和效率。外界环境的温度、风速、湿度以及太阳辐射等外部因素都会对这两个阶段的热传递产生显著影响。同时，织物的表面特性，如颜色、光泽度、粗糙度等，也会影响其与空气之间的热交换效率。

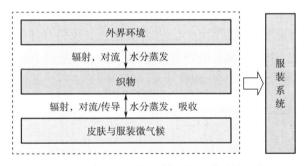

图2-17　微气候—织物—外环境服装系统示意图

人体湿度的传递主要通过与热传递类似的三个关键阶段，将水分从皮肤有效地传递到外界环境。这一过程不仅关乎舒适感，还对人体温度调节起着重要作用。第一阶段，湿气（主要为水蒸气形态）从人体皮肤通过直接接触和扩散作用传递到紧贴皮肤的织物内层。这一过程中，皮肤表面的湿度梯度（即皮肤与织物内层之间的湿度差）是驱动湿气传递的主要动力。皮肤表面的微小汗滴或水蒸气通过蒸发作用进入织物纤维间隙，形成初步的湿传递。织物的材质、纤维的吸湿性、亲水性以及织物与皮肤的接触紧密程度都会显著影响这一阶段的湿传递效率。例如吸湿性好的纤维（如棉纤维）能更快地吸

收和传输湿气。

第二阶段，在织物内部，湿气从内层向外层扩散，这一过程涉及了织物内部的毛细作用、扩散作用以及对流作用（尽管在织物内部对流作用较为有限）。织物的厚度、纤维的排列方式、孔隙结构以及纤维间的孔隙大小都会影响湿气在织物内部的传递速度和路径。此外，织物的透气性也是影响湿传递效率的重要因素，因为它决定了湿气能否顺畅地通过织物向外排出。

第三阶段，湿气从织物外层通过织物表面与周围空气之间的对流和蒸发作用传递到外界环境。这一过程受到外界环境的温度、湿度、风速以及太阳辐射等多种因素的影响。在温暖潮湿的环境中，湿气的蒸发速度会减慢，导致湿传递效率降低。相反，在干燥、通风良好的环境中，湿气的蒸发速度会加快，有助于更快地排除织物内湿气。同时，织物的表面特性，如透气性、防水性、防污性等，也会影响其与空气之间的湿交换效率。

人体热量及湿度从皮肤传递到外界环境的每个过程都受到多种因素的影响，这些因素共同决定了人体热量和湿度的传递速度和效率。

（一）纺织面料对热湿舒适性的影响

具备一定吸湿性能、导湿性能和快干性能的面料，是帮助人体将水分或者汗液从皮肤表面吸收到面料内部，并加快蒸发，保持身体干燥的重要媒介，如图2-18所示。也就是说，面料可通过热传递、湿传递及给人体带来热湿、冷暖等感受。

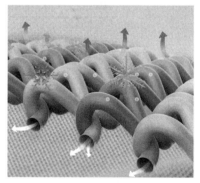

图2-18 吸湿导汗面料

热传递特性指面料在热能传递过程中展现出的传导、阻挡和反射三种关键能力。高传导率的面料能迅速将体热从皮肤传导至面料内部，进而散发至环境，有助于散热。相反，具有防风功能的面料能有效阻挡外部冷空气的侵袭，减少热量流失，提升保暖效果。尤其是"蒸发冷却"现象，即当汗液被面料吸收后，通过蒸发作用释放至空气中，此过程带走体表热量，实现自然降温。

湿度传递特性指面料对湿度的管理，它影响着湿气的吸收、扩散和释放能力。在运动、户外等高湿度环境下，面料的这一特性直接关系到穿着者的舒适体验。优质面料能够迅速吸收并扩散湿气，保持衣物内部的干爽，减少闷热感。

冷暖感调控是面料热湿传递特性在穿着体验上的直接体现。冷感织物通过纤维改性或织物结构设计，增强吸水、导湿及蒸发能力，利用水分的快速蒸发带走热量，使穿着者感受到凉爽。而暖感织物则利用发热纤维的高吸湿发热性能，将水分子的动能转化为热能，为人体营造舒适的微气候，带来温暖感。

面料的热传递、湿度传递以及对冷暖感的精准调控，共同构建了穿着者的舒适体验。在深入探讨面料如何为穿着者提供卓越的舒适体验时，需要聚焦于几个关键的技术性指标，这些指标直接决定了面料的热湿管理效能与冷暖感知特性，进而影响了服装的功能性和舒适度。

1. 影响服装舒适度与功能性的关键指标

（1）保温性。面料的保温性主要取决于其热传导系数和结构，一些具有较高密度的面料或特殊的织造方式可以减少热量的传导，有效地保持身体的热量，提高保温效果。这种特性在冬季服装中尤为重要，能够防止身体过度散热。

（2）透气性。面料的透气性也影响热能的传递，良好的透气性能够帮助身体释放多余的热量，防止过热和不适感。透气性差的面料可能会导致热量在衣物内部滞留，增加穿着者的不适感。

（3）吸湿性。面料的吸湿性指其吸收水分的能力。某些面料如棉布和麻布有较强的吸湿性，能迅速吸收体表汗水，保持干爽。相比之下，合成纤维如聚酯纤维通常具有较低的吸湿性，但通过特殊处理或添加吸湿剂可以改善其吸湿性。

（4）快干性。某些功能性面料具有快干性，即吸湿后能迅速将水分释放到外界环境中，加速干燥过程。这种性能对于户外运动和多汗情况下的服装面料尤为重要，可以减少不适感和湿润环境中细菌的滋生。

（5）反射和吸收特性。面料对于太阳辐射的反射和吸收也会影响热传递。某些颜色的面料如白色或银色的反射率较高，能够减少太阳辐射的吸收，有助于保持衣物表面的凉爽。例如深色面料可以吸收更多的太阳热量，适合在寒冷环境下穿着，而浅色面料则能反射更多的热量，更适合在炎热的天气中穿着。

这些指标因素相互作用，共同构成了面料在热湿传递与冷暖感知方面的综合性能，为服装设计师提供了丰富的选择空间，以满足不同场景下消费者对舒适度与功能性的需求。影响这些指标的因素主要包括组成面料的纤维和纱线，织物的种类、形态、结构及表面整理和环境因素等。

2. 影响面料性能指标的因素

（1）纤维。

① 纤维种类。导热系数是衡量材料导热性能的物理量，反映了材料传递热量的能力。在纺织材料中，不同纤维的导热系数差异较大，这直接影响到织物的传热性能，常见纤维的导热系数见表 2-1。棉、麻、丝、毛等纤维导热系数相对较低，具有较好的保温性能，能够减缓热量的传递。例如，棉纤维的导热系数较低，使棉织物在夏季穿着时能够较好地保持身体舒适。涤纶（聚酯纤维）、腈纶、锦纶等纤维的导热系数通常高于天然纤维。这些合成纤维的导热性能较好，有利于热量的快速传递，因此在某些需要快速散热的场合（如运动服装）中应用广泛。

表 2-1　常见纤维的导热系数

类别	$\lambda[\mathrm{W}/(\mathrm{m}\cdot\mathrm{°C})]$	$\lambda_{//}[\mathrm{W}/(\mathrm{m}\cdot\mathrm{°C})]$	$\lambda_{\perp}[\mathrm{W}/(\mathrm{m}\cdot\mathrm{°C})]$
棉纤维	0.071~0.073	1.1259	0.1598
羊毛纤维	0.052~0.055	0.4789	0.1610
蚕丝纤维	0.05~0.055	0.8302	0.1557
黏胶纤维	0.055~0.071	0.7180	0.1934
苎麻纤维	0.074~0.078	1.6624	0.2062
涤纶	0.084	0.9745	0.1921
腈纶	0.051	0.7427	0.2175
锦纶	0.244~0.337	0.5934	0.2701

注　20℃时纤维集合体导热系数以 λ 表示，平行于纤维轴的导热系数以 $\lambda_{//}$ 表示，垂直于纤维轴方向的导热系数以 $\lambda_{\perp}$ 表示。

　　公定回潮率是指纤维在标准大气条件下（温度为20℃，相对湿度为65%）所吸收水分的质量占纤维干重的百分率，常见纤维公定回潮率见表2-2。回潮率的高低直接影响纤维的吸湿性能和织物的导湿性能。羊毛、蚕丝等纤维的回潮率较高，吸湿性能较好，能够吸收并保持较多的水分，从而调节织物的温湿度，使人体感觉更加舒适。然而，高回潮率也可能导致织物在潮湿环境下不易干燥，影响穿着体验。涤纶、锦纶等合成纤维的回潮率较低，吸湿性能相对较差。这类纤维制成的织物在潮湿环境下能够较快地排湿，保持干爽，但可能缺乏一定的舒适性。

表 2-2　常见纤维的公定回潮率

序号	纤维种类	公定回潮率（%）
1	棉纤维	8.5
2	羊毛纤维	16.0
3	蚕丝纤维	11.0
4	黏胶、莫代尔纤维	13.0
5	莱赛尔纤维	13.0
6	涤纶	0.4
7	腈纶	2.0
8	锦纶	4.5
9	丙纶	0

　　织物的冷暖感是传热和导湿性能的综合体现。当织物与人体皮肤接触时，由于存在温差和湿度差，织物与皮肤之间会发生热交换和湿交换。这些交换过程会影响人体对织物冷暖感的感知。例如，在夏季高温环境下，穿着导热系数较高、回潮率较低的织物制成的服装能够更快地散发热量并保持干爽，从而带来凉爽的触感。织物的传热、传湿性能及其带来的冷暖感是纤维原料导热系数和回潮率等物理特性综合作用的结果。

　　为了更充分地利用不同纤维种类间独特的传热导湿性能差异，以及深入挖掘并发挥每种纤维原料本身所固有的优越特性，学者们进行了广泛而深入的尝试与探索，通过搭配、改性纤维材料，探索能够提升纺织品舒适度和功能性的方法。陈志华等人研究了竹棉混合纤维的吸放湿性能和芯吸效应，研究表明竹浆纤维具有良好的吸放湿性能和芯吸效应，竹/棉交织物的吸放湿性能和芯吸效应优于纯棉织物，随着织物纬纱中竹浆纤维含量的增加，竹/棉交织物的吸放湿性能和芯吸效应得到增强，舒适性提高。刚开始吸湿或放湿时，竹/棉交织物吸湿或放湿速率最大；随着时间的延长，织物吸湿或放湿速率减弱，当织物达到吸湿或放湿平衡时，其吸湿或放湿速率降至最小，趋近于零。在人体刚开始发汗的短时间内，竹/棉交织物可迅速吸收、排出汗液，使人体感觉凉爽、舒适。当经密不变时，随着纬密的增加，竹/棉交织物的吸放湿性能和芯吸效应均略有下降。

②纤维形态。纤维的结构是相当复杂的，由基本结构单元经若干层次的堆砌和混杂组成，并决定纤维的性质。纤维的结构包括形态结构、聚集态结构和大分子结构三个方面，这些结构的综合作用决定了纤维的物理力学性能和表面性质。其中，纤维的形态结构，即表观形态，直观反映了纤维长短、粗细、截面形状、卷曲与转曲等特征。纤维的横截面形态（异形截面、中空结构等）与纵向形态（直径等）共同决定了其吸湿性、导湿性和透气性，从而对纺织品的热湿舒适性产生重要影响。液态水流动依靠的是毛细管效应，不同的纤维具有不同的截面形状（图2-19），而其纤维截面的形状会对毛细管的数量和形状产生影响；同时纤维的直径大小也影响着毛细管的分布情况，因此纤维原料的种类会严重影响面料的热湿舒适性。细长的纤维、粗糙的表面和较大的孔隙通常有利于面料的透气性和吸湿性。

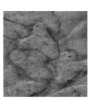

圆形　　　　　三角形　　　　　三叶形　　　　　四沟槽形　　　　"C—O"形

图2-19　不同截面形状纤维图

胡盼盼等人利用毛细管效应与垂直芯吸法等方法对不同尺寸、不同孔型的异形涤纶的导湿性能进行研究，且测试了纤维带液率和干燥速率，最终用带液率、芯吸高度和干燥速率综合评价纤维的导湿快干性能。研究表明，纤维吸湿性能与其异形度有关，同孔形、不同孔尺寸异形纤维的异形度与凹槽的深度、形状有关。

中空微孔纤维通常指芯部有中孔，皮层有微孔的差别化纤维，仿照天然纤维的中空结构，其中有部分微孔成为从表面到中空部分的贯穿孔（图2-20）。当织物与汗水接触时，在毛细管效应作用下，一方面从织物内侧贯穿孔将汗水输向中孔并沿中空部分分布，另一方面又通过织物外侧微孔向空气中蒸发，因而吸水迅速，保水率、输水率高，透气性好，较好地满足了穿着舒适性的要求。如日本帝人公司生产的"威尔基（Wellkey·MA）"聚酯中空纤维，其织物的导湿快干特性比普通聚酯织物高 10 倍。

图 2-20　中空纤维及模型示意图

　　帝人公司凭借创新技术，成功利用中空聚酯纤维赋予了织物卓越的吸湿快干性能。其核心产品威尔基纤维，采用独特的中空结构设计（图 2-21），这一设计精髓在于其芯部巧妙地构造成中空形态，而皮层则经过精密的程控改性处理，形成了细腻入微的微孔网络，这些微孔与芯部的中空结构精妙相连，形成了一条条高效的"水分传输通道"。这种创新的结构设计，极大地提升了织物的吸湿快干能力。当人体排汗时，汗液能够迅速通过纤维表面密布的微小孔洞渗透至中空内部，利用中空结构所特有的毛细管效应，加速汗液在纤维内部的流动与扩散。同时，聚酯纤维本身具备拒水性能，这有效防止

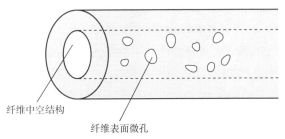

图 2-21　威尔基纤维结构示意图

了汗液在纤维表面的滞留，从而确保了汗液能够从纤维的另一侧被迅速且高效地排出，实现了汗液的即时转移与释放。通过显著增强吸水速率与提高含水率，威尔基纤维为织物带来了前所未有的吸湿快干体验，这一特性完美契合了运动服饰对于排汗快干、保持身体干爽舒适的需求。

异形纤维在一定程度上改善了合成纤维的手感、光泽和力学性能，增大了纤维表面与空气和人体的接触面积，提高了纤维的吸湿和放湿速率，同时提高了纤维表面的表面能，加快了织物在放湿过程中水分的蒸发速率，带走大量的热量。因而异形纤维在冷暖感织物中被广泛应用以提高织物的吸湿快干性和吸湿发热性。工字形异形纤维和十字形异形纤维的截面形状分别如图 2-22 和图 2-23 所示。

图 2-22　工字形异形纤维　　　　图 2-23　十字形异形纤维

CoolMax 织物是典型的冷暖感织物，是由美国杜邦公司研究开发的一种新型运动装材料。其纤维原材料运用疏水性的十字形纤维（图 2-24、图 2-25）和超细纤维，加大了织物与空气的接触面积，增强了织物的毛细管效应，使人体表面的汗液能够迅速排出体外，带走大量的热量从而达到凉爽的效果。

 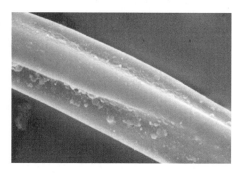

图 2-24　十字形纤维横截面结构　　　　图 2-25　十字形纤维纵向结构

日本可乐丽公司研究开发的一种凉爽性纤维——索菲娅（Sophista）纤维，主要是利用皮芯结构对纤维的性能进行改良，运用复合纺丝的方法将聚酯和功能性树脂 EVOH 复合在一起，使纤维大分子链表面具有较多的亲水性基团，能够迅速将水分吸收到纤维表面，提高纤维的吸水速率，而芯层利用聚酯纤维几乎不吸湿的特点将水分阻隔在纤维表面，将其通过吸热蒸发快速释放出去，从而带走人体表面热量，产生较好的凉爽感（图 2-26）。

图 2-26　索菲娅吸水机理图

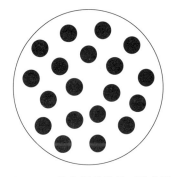

图 2-27　海岛纤维横截面示意图

　　超细纤维是指线密度小于 0.9dtex 的纤维，现代技术的不断发展，超细纤维的制备技术也逐步成熟，现最细可达到 0.001dtex。超细纤维的生产主要通过直接纺丝法（如静电纺或熔喷纺）、分割剥离法（如橘瓣纤维）、溶解去除法（如海岛纤维）等方法加工。超细纤维具有手感细腻舒适、比表面积大等特点，这些特点使超细纤维具有快速吸湿和放湿的能力，同时较大地提高了织物的舒适性，因此超细纤维在运动服装中的应用也日益广泛。图 2-27、图 2-28 分别为海岛纤维横截面示意图和纵向图，图 2-29 为橘瓣形纤维横截面示意图。

图 2-28　海岛纤维纵向图

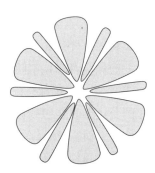

图 2-29　橘瓣形纤维横截面示意图

深圳顺爽纺织品有限公司利用超细纤维制作的超吸水毛巾、运动毛巾等一系列产品，超细纤维的毛细管道更细，毛细管效应更强，能够迅速吸收人体的表面汗液（图2-30），与皮肤接触点的温度可比普通的毛巾低1~2℃，具有良好的冷感效果。

丁堰纺织有限公司研究开发的莱竹纤维是在竹纤维纺丝过程中向纤维中均匀加入凉感的玉石矿物质材料制成的（图2-31），同时对竹纤维进行异形差别化处理，使其具有三叶形结构。这增强了织物的毛细管效应，提高了水分在织物中的传播速率。竹纤维本身具有优良的柔软性和吸湿排汗性能，是天然的凉爽性纤维材料，这使莱竹纤维的凉爽性能更加明显。同时竹纤维具有抗菌、抑菌和抗紫外线等性能，并且易于生物降解，其织物继承了这些优良的特征。

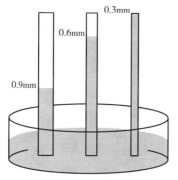

图2-30 毛细通道细度与毛细管效应的关系示意图

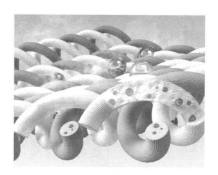

图2-31 凉感含石纱线

（2）纱线。

① 纱线混纺比。纱线混纺比对热湿舒适性的影响是显著的，它通过调整不同纤维在纱线中的比例，直接改变织物的热传导、透气、吸湿等关键性能，从而优化穿着者在不同环境条件下的舒适度体验。合理搭配纱线混纺比不仅能增强织物的透气性和吸湿性，保持皮肤干爽，还能在寒冷时提供足够的保暖效果，确保穿着者在不同季节和场合下都能享受到最佳的舒适感受。

纱线混纺比会影响织物的热传导性能。不同纤维的导热系数不同，因此混纺比的变化会改变织物的整体导热性能。例如，羊毛等动物纤维具有较好的保暖性能，而蚕丝等纤维则具有较好的散热性能。某些特殊纤维（如金属纤维）的加入可以提高织物的导热性能，有助于在炎热环境中加速热量传递，但也可能在寒冷环境中散热，影响热舒适性。通过合理搭配纱线混纺比，可以调节织物的热传导性能，使织物在不同温度下都能保持适宜的舒适度。

纱线混纺比也会直接影响织物的透气性。不同纤维的混纺比例会改变织物中孔隙的大小和分布，从而影响空气在织物中的流通性。例如，某些合成纤维如聚酯纤维的透气性相对较差，而天然纤维如棉、麻纤维等则具有较好的透气性。通过调整混纺比，可以优化织物的透气性，使其适应不同季节和穿着环境的需求。

纱线混纺比对织物的吸湿性有显著影响。当在纱线中加入一定比例的优良吸湿性纤维时，可以显著提升织物的吸湿性能。例如，棉纤维与涤纶纤维混纺，由于棉纤维的吸湿性好，能够吸收并储存汗液，而涤纶纤维则具有较好的保形性和耐磨性，两者结合既能保持织物的外观形态，又能提高穿着的舒适性。通常，随着优良吸湿性纤维比例的增加，织物的吸湿性能也会相应提高。但过高的比例可能会导致织物其他性能的下降，如抗皱性、耐磨性等。

② 纱线结构。纱线中各种纤维的集合排列情况即为纱线的成纱结构，而成纱结构影响纱线的性能，纱线表观结构会因纺纱方式的不同而产生差异（图2-32）。

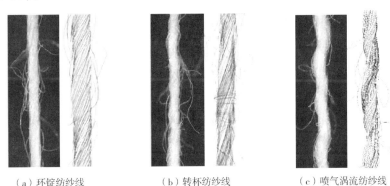

（a）环锭纺纱线　　　（b）转杯纺纱线　　　（c）喷气涡流纺纱线

图2-32　纱线的表观结构

在喷气涡流纺纱线中，液体沿芯纤维向上流动，然后慢慢扩散到包缠纤维。这种现象可能是由于喷气涡流纺纱线的包缠结构相对均匀且紧密，而转杯纺纱线的包绕结构则较为杂乱和零散。因此，喷气涡流纺纱线的芯吸高度略高于转杯纺纱线。图2-33展示了纱线形态对水液运输的影响，说明了不同纺纱方法对液体传输特性的影响。喷气涡流纺纱线的均匀紧密结构有助于液体更有效地沿芯纤维上升并扩散到包缠纤维，而转杯纺纱线的松散结构则可能导致液体传输效率较低。

图 2-33　纱线形态对水液运输的影响

　　纱线的结构特征对其吸湿排汗特性具有重要影响。首先，纱线的结构决定了织物的透气性。透气性能好的织物能够及时排出人体产生的湿气和热量，保持皮肤的干爽和舒适。纱线中的孔隙率越大，即纤维间的孔隙越多，空气流通越顺畅，织物的透气性能就越好。这种良好的透气性有助于汗液蒸发，减少闷热感，从而提升服装的吸湿排汗性能。

　　其次，纱线的结构也直接影响毛细管效应的强度。液态水在织物中的传递主要依赖毛细管效应，而这一效应的强度主要由纱线内纤维间的结构决定。纱线中纤维的分布和孔洞形态会影响液态水的传输速度。纤维间孔洞的截面形态多样，如带尖角的多边形有助于液态水按阻力最小通道前进，从而提高吸湿排汗效率。

　　此外，纱线的表面形态也会影响其与皮肤的接触面积和汗液的蒸发速度。例如，织物表面有毛茸的短纤维纱线能减少与皮肤的直接接触面积，改善透气性并促进汗液蒸发；而光滑的长丝纱线则容易贴在皮肤上，不利于汗液在纤维间的分布和蒸发，从而影响吸湿排汗性能。

　　总之，纱线的结构特征通过影响织物的透气性和纤维间的毛细管效应，进而影响织物的吸湿排汗性能。优化纱线结构，如提高孔隙率、调整纤维分布和形态，可以改善织物的吸湿导汗性能，使其更适合用于需要良好导汗快干功能的服装。

　　（3）面料。面料的织造结构、编织密度、厚度等也会对热湿传递性能产生影响。

　　① 织造结构。面料的组织结构参数主要包括纱线的配置、纱线的排列密度和织物的紧度。纱线的配置主要包括织物经纬纱线种类的配置和经纬纱线线密度的配置。织物中纱线配置的不同直接影响着织物吸水过程中的方向性和选择性以及经纬向的芯吸高度等。

　　纱线的排列密度和织物的紧度直接影响着纱线间的相互接触点，纱线排列越紧密，织物紧度越大，纱线间的相互接触点越多，水分在织物中的传输速率越快，同时纱线排列越紧密，纱线间的毛细管效应越明显，织物的吸水性能和导湿性能越好，而织物的透气透湿性能会随着两者的增高而降低。

开放式的织物结构通常比密闭的结构更具透气性。当织物疏松密度较小、透气性较大（低的纤维填充率）时，不同纤维的织物湿阻无明显差别。织物的湿阻基本与织物的厚度成正比（图2-34），此时水汽主要通过织物中的孔隙传递，在纤维中传递的部分可以忽略不计。但当织物密度（填充率）增大时，亲水性纤维则比疏水性纤维的湿阻要小（图2-35），这是由于此时水汽主要通过亲水性纤维在高湿侧吸湿、向低湿侧放湿来透过织物，这样在同样的纤维填充率下，亲水性纤维织物的湿阻较小。

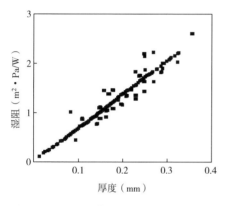

图2-34　疏松织物的湿阻与厚度的关系　　　图2-35　织物的湿阻与填充率的关系

古丁（Gooding）研究发现织物透气性与孔隙率的平方成正比，与厚度及孔隙数量成反比。当纱线的排列密度和紧度一致时，不同组织结构的透气性强弱排序为：平纹组织<斜纹组织<缎纹组织（图2-36）。织物组织结构、紧密度、厚度等将决定织物的孔隙、沟槽及其透气性，进而对热湿舒适性能产生影响。

平纹织物　　　　　斜纹织物　　　　　缎纹织物

图2-36　不同组织结构的机织物

孙玉钗设计了不同组织结构的针织保暖面料，通过 KES-F7 织物热性能测试仪测试织物与人体接触时皮肤瞬间最大热流量的通过量，研究织物组织结构变化对针织保暖面料接触冷感的影响，通过对实验结果的分析得出：选取的几种组织结构的织物中，棉毛组织接触冷感最小；基本组织相同，结构不同的织物，织物接触冷暖感的性能不同；对于夹层式保暖织物，随着正反面连接点比例的增加，织物的接触冷感明显增强；织物表面凹凸越明显，粗糙度越强，织物接触冷感越弱。

② 织物的密度与厚度。密度与织物的透气性成反比。密度越大，纱线间的孔隙越小，空气流通受阻，透气性降低。透气性差的织物在炎热环境中容易使人体感到闷热不适。一般来说，密度适中的织物能够更好地平衡吸湿，具有更好的透气性能，既不过于潮湿也不过于闷热。织物的厚度与隔热性成正比。较厚的织物能够更好地阻挡外界冷空气的侵入，提高保暖性能。然而，厚度过大也会阻碍水汽的顺利扩散，给人以闷热感。

鉴于织物热湿舒适性对于提升穿着体验的重要性，人们开始不断探索并创新织物的设计与制造技术，特别是针对织物组织结构进行优化，以期在保持织物美观与耐用性的同时，显著提升其热湿调节性能。在此背景下，新型吸湿导汗面料的出现，不仅满足了市场对功能性纺织品日益增长的需求，更是对织物组织结构影响热湿舒适性原理的深入实践与应用。特别是针织吸湿排汗面料，凭借其独特的组织结构优势，在改善织物透气性、吸湿性及快干性能上展现出了非凡的潜力，这类面料大致可分为以下几种。

a. 单向导湿面料。单向导湿织物是同时具备水分快速传导和定向传导两种特性的织物，能够在人体排汗后迅速将汗液传导至织物外表面蒸发，同时阻止外表面汗液回流，使皮肤面保持干爽，如图 2-37 所示。杨文采用纳米功能乳液对羊毛/涤纶/亚麻针织物一面做整理，获得单向导湿面料；陈晓燕等对上、下两层为棉、中间为涤纶的三层针织物的表层棉分别做亲、疏水双面异性整理，获得单向导湿面料；王等对织物双面喷涂化学亲水剂后，将织物其中一面照射多波长紫外线，去除亲水试剂，形成疏水面，制成单向导湿面料，该面料还可通过改变面料正反面辐照方式来改变面料单向导湿的方向。

涤盖棉与棉盖涤作为两种常见的复合单向导湿面料，其设计上的细微差异对热湿舒适性产生了显著影响。涤盖棉（图 2-38），即涤纶在外层、棉纤

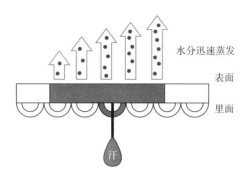

水分迅速蒸发

表面

里面

汗

图2-37 单向导湿面料

维在内层的结构，由于外层涤纶具有优良的抗皱性、耐磨性和易干特性，涤盖棉面料能有效抵御外界水分侵入并促进内部湿气快速排出，提升了面料的整体干爽度。这种设计在潮湿或活动量大时尤为适用，显著增强了穿着者的热湿舒适性。相反，棉盖涤（图2-39），即棉纤维在外层、涤纶在内层的结构，更多地保留了棉纤维的柔软、透气和亲肤性，适合在较为干燥或需要更高保暖性的环境中穿着，但其吸湿后不易快干的特点，可能在一定程度上影响热湿舒适性。因此，在选择时，根据具体环境和需求合理选用涤盖棉或棉盖涤面料，能够更有效地提升穿着体验。

图2-38 涤盖棉

图2-39 棉盖涤

　　b. 双层或多层导湿面料。传统双层或多层导湿面料最里层常用亲水类纤维，如棉纤维等原料，提升里层面料吸湿性能。但近年来该类面料设计改变了这种思维模式，科学地采用疏水型材料作为面料里层，保持大的孔隙，其原料可以是吸湿性差的合成纤维或将作疏水改性的天然纤维，而面料表层采用吸湿性材料或小孔隙疏水材料，这类面料通过内、外层材料的毛细孔隙大小差异或吸水性能差异，实现将汗液迅速从面料内侧传导到外侧的目的，该类面料手感柔软舒适，导热性好，透湿透气，解决了传统亲水性原料为面料内层时所引起的湿黏、拧绞、发冷等问题（图2-40）。

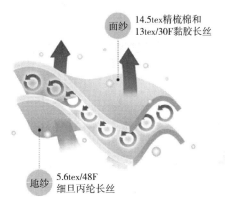

面纱　14.5tex精梳棉和13tex/30F黏胶长丝

地纱　5.6tex/48F细旦丙纶长丝

图2-40　棉盖丝双层面料

（4）表面整理。面料的表面整理（如防水、透气处理）会改变其热湿传递性能。通过改变处理方法可以改变面料的透气性。

织物整理可以分为吸湿快干整理、防水防污处理（图2-41）和亲水处理等。在不降低纤维原有性能的情况下，引入一些官能团来进行纤维的表面改性工艺。表面改性可有效改善纤维的功能性，而不会改变纤维的体积特性。娄卫华使用纤维素酶对针织物进行处理，使棉麻织物具有柔软手感；刘玉磊使用微胶囊整理竹纤维面料，使织物具有凉爽感。

图2-41　织物防水整理

（5）环境条件。穿着面料的环境条件也会影响其热湿传递性能。例如，温度、湿度、风速等因素都会影响汗液的蒸发速率和面料的吸湿透气性。

（6）人体活动水平。人体的活动水平也会影响热湿传递过程。剧烈运动时，人体会产生更多的汗液，需要更好的透气和吸湿性能来保持身体干燥。

　　总之，影响面料吸湿导汗特性的因素主要体现在纤维、纱线、织物及后整理技术等方面，这些因素共同决定了面料的吸湿导汗性能。纤维的纵向与横截面微结构直接影响织物的芯吸效应。异形纤维截面结构，特别是含沟槽的异形纤维，能够显著提高织物的吸湿、导湿和排汗性能。天然纤维如棉，其纤维结构中存在大量孔隙，具有良好的吸湿性能，但快干性能相对较差。合成纤维如涤纶，通过改性后也能具备良好的吸湿导汗性能。纱线中纤维的含量、配置、孔隙率、线密度和紧度等因素都会影响织物的吸湿快干效果。细度较小的纱线，其织物通常具有更快的芯吸传导速率。内层低纤维数疏水纱线可形成较粗的疏水通道，快速传递水分，有助于提升织物的排汗性能。织物的厚度与紧密度会影响其透湿性。线圈越大、线圈数越多、网眼结构越明显的织物，表面积增大，水分蒸发面积也随之增大，有利于排汗。双层组织正反面配置不同的线圈比例，可以增加水分的传输路径，提高芯吸效应。

　　市场上常见的吸湿导汗面料商品包括杜邦酷派（COOLMAX）、淘普酷（TOPCOOL）等功能性面料，这些面料广泛应用于运动服装、夏季服装等领域。此外，还有全涤鸟眼布、锦氨方格四面弹、凉感抗菌珠地布等多种功能性面料，均具备良好的吸湿导汗性能，能满足不同消费者的需求。这些面料通过采用异形纤维、特殊纱线结构和织物组织设计以及先进的后整理技术，实现了优异的吸湿排汗效果。当前市场上的吸湿排汗面料原料主要集中在涤纶等化学合成纤维上，这些纤维经过改性后性能有所提升，而天然纤维在吸湿导汗方面的综合性能仍有待进一步挖掘。一些高性能的吸湿排汗面料生产成本较高，限制了其大规模应用。此外织物的吸湿性和排汗性往往难以同时达到最优，如何在保持面料良好吸湿性的同时提高排汗性能，实现综合性能的平衡，是当前研究需要解决的问题之一。

（二）微气候对热湿舒适性的影响

　　人体的热湿舒适性很大程度上依赖于皮肤与贴身内衣之间形成的微气候，即衣内微气候。这一微气候受温度、湿度、气流速度等多个因素共同影响，对穿着者的舒适感起着决定性作用。面料在调节微气候中扮演着至关重要的角色，它通过独特的物理和化学性质，如透气性、吸湿性、保温性和排汗性等，直接影响人体与面料之间微气候的温度、湿度和气流速度，从而显著提升人体的舒适度。优质的面料能够智能地响应环境变化，保持适宜的微气候，使人在各种条件下都能感受到最佳的舒适度。因此，研究微气候对热湿舒适性的影响，对于优化服装设计、提升穿着体验具有重要意义。以下是微气候对热湿舒适性的具体影响。

1. 温度调节

衣内微气候的温度是热舒适性的基础。合适的衣物材质和层数能够在外部环境温度波动时，为人体提供必要的保暖或散热效果。例如，在寒冷环境中，多层衣物或具有保温性能的面料能够减少热量散失，保持体温。而在炎热环境中，轻薄透气的衣物则能促进热量散发，防止过热。

2. 湿度控制

湿度是影响热湿舒适性的关键因素之一。衣物的吸湿性和透气性决定了衣内微气候的湿度水平。吸湿性好的面料（如纯棉布）能够迅速吸收体表的汗水，避免湿冷感。而透气性好的面料则有助于汗水蒸发，保持皮肤干燥。两者相辅相成，共同维护衣内微气候的湿度平衡。

3. 空气流动

衣内微气候中的空气流动对于热湿舒适性同样重要。适当的设计和穿着方式可以促进衣内空气流通，增加换气效果，防止局部过热或过湿。例如，采用宽松的版型、增加通风口或采用特殊的织物结构等都可以提升衣物的透气性能。

4. 材料选择

不同材质的面料对微气候的影响不同，因此选择合适的材料是提升热湿舒适性的关键。棉质面料因良好的透气性和吸湿性被广泛应用；合成纤维则以其耐磨、易干等特点在某些场合下更具优势；羊毛等天然纤维能在潮湿环境中保持较好的保暖性能。根据具体需求和穿着环境选择合适的面料，可以显著提升穿着者的舒适感受。

为了更好地探究人体与面料之间复杂而微妙的微气候关系，以及微气候如何深刻影响人体的舒适度体验，开发了一系列高精度、多功能的微气候仪，精准地监测并表征微气候中的关键参数，通过这些详尽的数据，能够深入地理解微气候对人体热湿舒适性的复杂作用机制。原田在1982年研制了可以同时测量热传递和湿传递的织物微气候仪（图2-42），该仪器不仅可模拟人体无感出汗和显性出汗，而且环境温度、湿度和风速风向都是可调节的。该仪器可模拟人体在各种活动状态下的热湿状态，利用温湿度传感器测出这些状态下微气候的相关参数，并测出织物的回潮率。

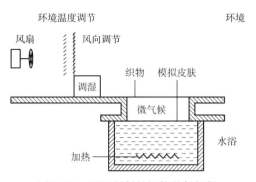

图 2-42　原田研制的织物微气候仪

李毅研制的微气候仪是模拟人体出显汗的状态下（图 2-43），织物内空气层、织物及织物外空气层与环境进行能量交换、质量（水汽）交换的全过程。用温度梯度和湿度梯度测试出不同织物能量交换和质量交换的状态变化，从而反映织物对能量流和质量流的阻力。实验得出，当皮肤表面温度与室内温度相差较大时，热阻对穿着舒适感影响更大，否则，湿阻影响更大。

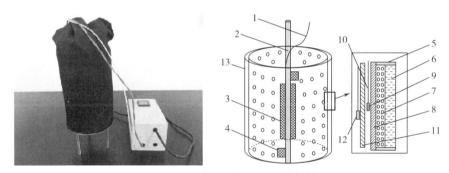

图 2-43　服装微气候仪测试组件结构图

1—进水管道　2—支撑柱　3—PID 温控加热器　4—水泵　5—保温层　6—蒸馏水　7—筒壁
8—模拟皮肤　9—温、湿度传感器　10—衣下空气层　11—测试面料　12—热流传感器　13—环形套箍

第二节　热湿舒适性的评价设备研究

热舒适性指标主要包括热阻、保温率、热导率、克罗值等，传热性能的测试目前主流方法有三种：冷却法、恒温法和热脉冲法。

湿舒适性指标主要包括透湿率、湿阻、保水率、透湿指数、芯吸收率等，透湿性能的测试有两种方法：透湿杯法（图 2-44）和非透湿杯法。

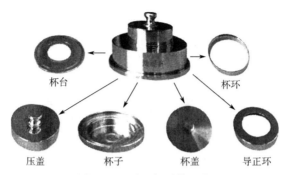

图 2-44 透湿杯及其组成

织物热湿舒适性的测试主要从保暖、凉爽、透湿、快干等相关方面进行，具体测试方法如图 2-45 所示。

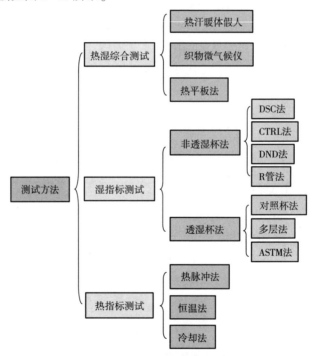

图 2-45 常用热湿性能测试方法

一、市场上常用仪器

在市场上，关于热湿测试的仪器种类繁多，每一种都针对不同的应用场景和需求设计，具有独特的优点。这些仪器普遍具备高精度、高稳定性和易于操作的特点，为各行各业提供了可靠的数据支持，主要仪器设备见表 2-3。

这些测试仪器覆盖了保暖性能（如 YG606D 系列平板式保温仪）、热阻湿阻（如 TN11098 系统）、透湿性（如 YG601H-Ⅱ 电脑式织物透湿仪）、水分传递与扩散（如 NF5022 水分蒸发速率测试仪）、沾水特性（如 YG813H 沾水度仪）、吸湿发热（如 SGJ218A 测试仪）、接触瞬间凉感（如 SGJ213A 测试仪）、透气性（如 YG461DB 测试仪）以及辐射温升（如 FY612 光蓄热试验仪）等多个关键性能。每种仪器均以其独特的测试方法和优势，为纺织品的全面性能评估提供了科学依据。

表 2-3　热湿舒适性测试的主要仪器设备

类别	仪器名称	测试标准
保暖	YG606D 平板式织物保温仪	GB/T 11048
	YG606D-Ⅱ 平板式保温仪	GB/T 11048 等
	TN11088 平板式保温仪	JIS L1018、ASTM D1518、GB 11048 等
热阻、湿阻	TN11098 热阻和湿阻测试系统——排汗导湿性测试仪	ISO 11092、ASTM F1868
	NBFY 织物热阻湿阻测试系统	GB/T 11048、ISO 11092、ASTM F1868(A-E) 等
	YG606E-Ⅱ 热传递性能测试仪	GB/T 11048、ISO 11092:2014
	YG258A 纺织品热阻测试仪	GB/T 11048、ADTM D1518-85、JIS L1096—2010、ISO 11092:2014、FZ/T 73016—2020 等
	FY258C 热阻和湿阻测试系统	GB/T 11048、ISO 11092:2014、ASTM F1868—2009 等
	YG606E 纺织品热阻测试仪	平板法:ADTM D1518-85、JIS L1096—2010、ISO 11092:2014、FZ/T 73016—2020 等
	YG258B 热阻和湿阻测试系统	GB/T 11048、ISO 11092(E)、ASTM F1868、GB/T 38473 等
	YG606G 纺织品热（湿）阻测试仪	GB/T 11048、ISO 11092:2014
透湿性	YG601H-Ⅱ 电脑式织物透湿仪	吸湿法:GB/T 12704.2—2009 蒸发法:GB/T 21655.1—2023
	YG501A 透湿试验仪	GB 19082—2009、GB/T 12704.1—2009、ASTM E96 等
	NF5016 织物透湿综合性能测试仪	GB/T 29866—2013

续表

类别	仪器名称	测试标准
透湿性	YG501D-Ⅱ透湿试验仪	GB/T 12704.1—2009、GB/T 12704.2—2009、ASTM E 96、BS 7209、JIS L1099 等
	YG501D-Ⅲ透湿性测试仪	GB/T 12704、ASTM E 96、BS 7209、JIS L1099（含醋酸钾法）
	TN11068-A 透湿性测试仪	ASTM E96、GB/T 12704、ISO-2528、BS 7209、BS 3424、JIS 1099
（速干）水分传递与扩散	NF5022 纺织品水分蒸发速率测试仪	GB/T 21655.2—2019
	RF4008MST 水分扩散测试仪	GB/T 4745—2012、ISO 4920:2012
	YG871-ⅡA 毛细管效应测定仪	FZ/T 01071—2008、ISO 9073-6
	YG871 毛细管效应测定仪	FZ/T 01071—2008 等
	YG872 吸水性测试仪	ISO 9073-6
	FFZ191-Ⅱ水分蒸发速率检测仪	GB/T 21655.1—2023 等
	FFZ381 液态水分管理测试仪	AATCC 195—2011、SN 1689、GB/T 21655.2—2019 等
	FFZ191-Ⅳ水分蒸发速率检测仪	GB/T 21655.1—2023 等
	FFZ421 织物干燥速率测试仪	AATCC 201
	Gellowen 液态水分管理测试仪（MMT）	GB/T 21655.1、GB/T 21655.2
	TN11078 纺织品含湿率测试仪	—
沾水特性	YG813H 沾水度仪	GB/T 4744—2013
	Y813 织物沾水度测定仪	GB/T 4745—2012、ISO 4920、AATCC 22 等
	Y813-Ⅰ织物沾水度测定仪	AATCC 42—2000 等
吸湿发热	SGJ218A 纺织品吸湿发热性能测试仪	GB/T 29866—2013、FZ/T 73036—2010、FZ/T 73054—2015
接触瞬间凉感	SGJ213A 纺织品接触瞬间凉感测试仪	GB/T 35263—2017、FZ/T 73067—2020 等
	FFZ415 热流式凉感测试仪	CN 201510574661.X
	FFZ413A 纺织品接触瞬间凉感测试仪	GB/T 35263—2017 等
	NF3031 织物凉感性能测试仪	GB/T 35263—2017
	FFZ413 纺织品接触瞬间凉感测试仪	GB/T 35263—2017 等

续表

类别	仪器名称	测试标准
透气性	YG461DB 透气性测试仪	GB/T 5453、GB/T 13764、ISO 9237、EN ISO 7231、AFNOR G07、ASTM D737、BS5636、DIN 53887、EDANA 140. 1、JIS L1096、TAPPIT251 等
	FY392 空气透气率测定仪	GB/T 10655—2003
	YG462 葛尔莱法透气性测试仪	ISO 5636-5—2013 等
	YG461DA 数字式织物透气量仪	GB/T 5453、ISO 9237、EN ISO 7231、AFNOR G07、ASTM D737、BS5636、DIN 53887、EDANA 140. 1、JIS L1096、TAPPIT251 等
	YG461A 数字式织物透气量仪	GB/T 5453、GB 12014—2019、ISO 9237、ASTM D737 等
	YG461E-Ⅱ透气测试仪	GB/T 5453、GB/T 13764、ISO 9237、EN ISO 7231、AFNOR G07、ASTM D737、BS5636、DIN 53887、EDANA 140. 1、JIS L1096、TAPPIT251 等
	YG461E 透气性测试仪	GB/T 5453、GB/T 13764、ISO 9237、EN ISO 7231、AFNOR G07、ASTM D737、BS5636、DIN 53887、EDANA 140. 1、JIS L1096、TAPPIT251 等
	YG461T 透气度测试仪	ISO 9237、ISO 4638、ISO 5636、GB/T 10655、GB/T 5453、ASTM D737、TAPPI T460、JIS P8117 等
	YG461D 数字式织物透气量仪	GB/T 5453、GB 12014—2019、ISO 9237、ASTM D737 等
辐射温升	FY612 纺织品光蓄热试验仪	GB/T 18319—2019
	NF2031 纺织品远红外辐射温升测试仪	GB/T 30127—2013
	SGJ211A 纺织品远红外温升测试仪	GB/T 30127—2013
	SGJ216A 纺织品光蓄热试验仪	GB/T 18319—2019
暖体假人	稳态热能人体模型系统(暖体假人系统)	GB/T 13459、GB/T 18398、GB/T 38426
	动态热能人体模型系统(暖体假人系统)	GB/T 12704. 1—2009

目前市场现有仪器,对于面料热湿舒适性的评价指标多集中于织物的基本物理特性及其对热或者湿特性的影响,具体见表 2-4。这些测试指标和仪

器在纺织科学及服装舒适性研究中展现出了显著的优势。它们能够全面而精确地评估织物的物理性能，如克重反映面料的质量分布，厚度影响保暖与触感，横密与纵密则关乎织物的结构稳定性与弹性，芯吸高度与干燥速率衡量了织物的吸湿排汗能力，透气性、透湿性则直接关系到穿着的舒适度。沃尔特（Walter）织物出汗暖体假人作为顶尖设备，更是将"人体—服装—环境"三者紧密结合，动态模拟实际穿着情况，为服装设计与生产提供了前所未有的精准数据支持。

表 2-4　热湿舒适性的基本指标测试及测试仪器

测试指标		测试仪器(部分代表)	测试范围
面料基本物理指标测试	克重	封闭式电子天平	简单测试织物物理特性,不能进行舒适性的生理及心理评价只能测定导汗能力
	厚度	YG(B)141D 型数字式织物厚度仪	
	横密、纵密	Y511 型织物密度分析镜	
	芯吸高度	YG(B)871 型毛细管效应测定仪	
	干燥速率	DST52008 纺织品干燥速度测定仪、FFZ191-Ⅳ水分蒸发速率检测仪	
	透气性	MMT(中国香港)YG(B)461D-Ⅱ型织物透气量仪	
	透湿性	YG(B)216-Ⅱ型织物透湿量仪	
	表观结构	SEM 扫描电镜	
	接触凉感系数、导热率	FFZ415 热流式凉感测试仪	
	时间—温度曲线	SGJ216A 纺织品光蓄热试验仪	
热湿传递综合测试指标	织物热阻透湿指数、隔热值和总湿阻	热平板仪(干热板、湿热板)SGHP-10.5 服装热阻和湿阻检测系统(美国)	—
	传湿面积、水蒸气分压增量和温度的最大增量等六项舒适性指标	织物微气候仪	对外部环境温湿度及人体微气候温湿度的综合考量欠缺
	热阻、假人皮肤温度、环境温度、蒸发散热率等指标	出汗暖体假人	设备价格昂贵,服装与人体作用物理指标测量不完善,不能完整映射心理舒适性结果

然而，尽管这些测试方法和技术带来了诸多便利，但也存在一定的局限性。例如，测试条件可能难以完全模拟真实多变的穿着环境，导致结果与实

际体验存在一定差异。此外，高端测试设备如沃尔特假人，其高昂的成本和复杂的操作维护要求，限制了其在一般企业和研究机构中的普及。同时，数据分析与解读也需要具备专业知识的人员，增加了应用门槛。服装面料的传热传湿过程在实际过程中是相互影响、密切相关的，分隔开来研究显然不能真实反映织物热湿传递的综合性能以及热传递与湿传递的交叉效应和复杂机理。因此，在实际应用中，需权衡利弊，选择适合的测试方法，并结合其他手段进行综合评估。

二、研究开发的仪器

在探讨织物的热湿舒适性时，各种先进的测试仪器发挥着至关重要的作用，它们不仅帮助人们深入理解材料在不同环境条件下的性能表现，还为服装设计与生产提供了科学的数据支持。其中，热板装置、微气候仪和暖体假人作为三大核心测试设备，各自以其独特的测试原理和优势，在评估织物的隔热性、防潮性以及模拟人体穿着环境下的热湿交换过程中发挥着不可替代的作用。以下将详细介绍这三种仪器，探究测试织物热湿舒适性的方法。

（一）热板装置和微气候仪

热板装置主要用于测试织物的隔热性与防潮性，同时在散热状态下可得到热板与湿板具体的散热量。

微气候仪通过测定放置于装置表面的测试面料与人工皮肤之间空气层温度的变化来表征热湿交换。微气候仪法是模拟人—服装—环境的综合性测试，表征服装面料动态与静态的性能，更加接近服装面料的真实状况（图2-46）。

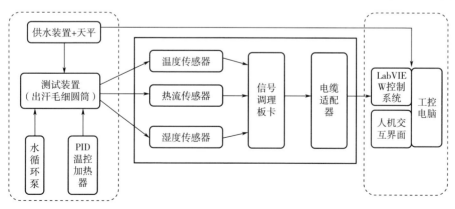

图2-46 服装微气候仪结构示意图

2001年姚穆院士设计的织物微气候仪由三部分组成，即人体热湿状态的模拟和测量部分（图2-47）、微气候区及织物附近空间的温湿度分布的模拟和测量部分、环境气候条件的模拟和控制部分（图2-48）。在仪器主体外围另有空气调节系统，用以模拟各种不同的环境气候条件。利用该装置，可在较广范围内模拟人体热湿状态和环境气候条件，测出微气候区及织物附近空间的温湿度场分布，测出通过织物的热湿流量，从而计算得出一系列反映织物热湿舒适性的指标，或进一步深入研究在各种不同条件下纺织品和服装的热湿舒适性。

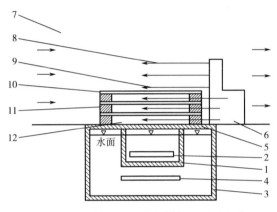

图2-47　人体热湿状态的模拟和测量部分

1—内水杯　2—内水杯加热器　3—外水槽　4—外水槽加热器　5—模拟皮肤安装位置

6—测头调节座　7—空调系统　8—温度测头　9—湿度测头　10—试样

11—试样装夹具　12—微气候区

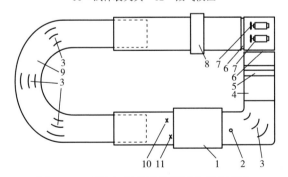

图2-48　环境气候条件的模拟和控制部分

1—仪器主体　2—风速测头　3—导向板　4—半导体制冷器　5—加湿器　6—防震软连接

7—风机　8—加热器　9—可伸缩风道　10—控制用湿度传感器

11—控制用温度传感器

（二）暖体假人

暖体假人是客观评价服装舒适性能的主要测试设备之一，其发展历程可基本概括为三个阶段。美国军需气候研究所等提出以克罗值定义作为理论基础，开发研制了第一代暖体假人，该类假人通常用来测试服装的静态热阻。由于第一代暖体假人均为单体段假人，不能具体反映人体不同部位体表温度的分布情况。专家学者们在单体段暖体假人的基础上研制出了多体段暖体假人，即第二代暖体假人，该类假人通过单独控制假人每一体段的加热系统来单独调节每体段的体表温度，并且假人可以模拟人体的不同姿势，完成一些简单的动作，从而测试服装的静态和动态热阻。20世纪70年代开发出了可模拟人体出汗状态的第三代暖体假人，该类假人能做一些较复杂的动作，测试服装热阻的同时能测量服装的湿阻，更加全面真实地反映出人体—服装—环境系统中的热湿传递过程，从而对服装的热湿舒适性能做出综合评价（图2-49、图2-50）。

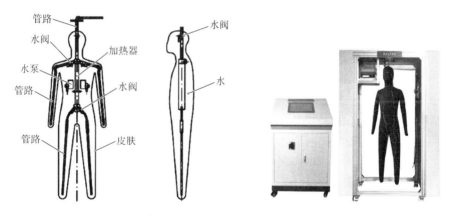

图2-49　热湿暖体假人　　　　　　　图2-50　测试假人

1. 暖体假人的主要种类

迄今为止，世界各国已研制了多个不同种类的暖体假人来满足不同的评价需求，其中包括干态暖体假人、出汗暖体假人、呼吸暖体假人、可浸水暖体假人、数值暖体假人以及暖体假头和假肢等。

（1）干态暖体假人。干态暖体假人控制方式可分为恒温、变温及恒热三种。恒温方式可用来测量服装的热阻；变温方式可模拟在不同环境条件下真人群体皮肤温度的变化过程；恒热方式可用于观察全身各部位散热的差异。

（2）出汗暖体假人。出汗暖体假人（图2-51）基于人体蒸发散热的生理学理论，模拟真实人体的出汗情况，从而模拟人体—服装—环境之间的热量和水汽的动态传递过程，建立热湿调控数学模型来测量相关的参数，计算得出服装的热阻、湿阻及透湿指数等评价指标，用来评价服装的热湿舒适性能。相关的测试指标包括热阻、湿阻、透湿指数、水汽渗透能力、蒸发热损失及湿润热损失等。

图 2-51　出汗暖体假人

这些新型的暖体假人在操作中能模拟人体出汗从而能够提供更有价值的蒸发热交换数据，如芬兰1996年研制的出汗暖体假人科普利乌斯（COPELIUS）（图2-52）。瑞士的出汗暖体假人SAM能模拟出汗并且能完成真实的行走运动。

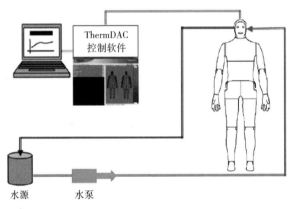

图 2-52　假人出汗原理图

（3）可浸水暖体假人。可浸水暖体假人是给传统的暖体假人添加防水密封装置，使其具有防水功能的一种特种假人，此种假人主要用来评价水上救生衣、潜水服在低温环境下的热湿舒适性。测试时，将穿着被测服装的假人浸入水温恒定的水中，测试服装的克罗值，并通过所测得的克罗值预计服装在该环境中的耐受时间。

（4）数值暖体假人。由于暖体假人制造成本昂贵，且假人的实验环境条件如人工气候室的成本高，而利用计算机来模拟假人进行服装舒适性的研究则可以节省大量成本（图2-53）。由于计算机运算速度的迅速发展，运用先

进的计算机技术来对人体进行模拟仿真也成为一种趋势。通过计算机仿真的
暖体假人称为数值暖体假人,而假人、服装与周围环境之间的热湿传递过程
则通过计算流体动力学。当输入特定的环境参数及相关的服装热学性能参数,
数值暖体假人能对传导、对流、辐射和蒸发等所有的热传递进行数值计算,
并能通过计算得到人体各部位的局部温度以及汗液分布等。

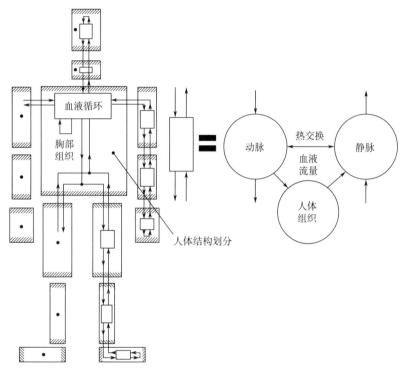

图 2-53 模型人体结构划分

2. 暖体假人的主要应用

目前,假人的发展呈现出两个趋势。一方面,结构和功能趋向复杂化,
可实现的功能日益增加,如美国研制的出汗假人 ADAM 将假人躯体、出汗系
统、呼吸系统、控制系统、数据采集系统、水箱及电池等集成于一体;另一
方面,假人的发展趋向于简单化,同时也具备较高的精确性和实用性,如开
发的假人胳膊和假人手等,只研究身体的某个部位。假人主要应用于三个方
面:服装热阻和湿阻测量、人体与环境的换热量及换热系数测量、人体热反
应预测。

（1）测量服装热阻和湿阻。热阻和湿阻是描述服装热湿传递最重要的两个参数，可由假人在气候室进行测量。然而，服装的热阻与湿阻并不是固定不变的，而是随着环境温度、湿度、风速及人体活动强度而变化。上野（Ueno）等人提出一种测量服装热阻的新方法，将多个温度传感器置于假人织物表面来测量温度，并由此方法测量不同行走速度下的服装湿阻。阿拉杰米（Alajmi）利用假人测量了大量阿拉伯传统服装的热阻和服装面积影响因子，ISO 9920 数据库给出的服装面积影响因子值与该实验测量的值相差高达 29%，该研究成果成为服装热阻和服装面积因子数据库的重要数据源。奥利瓦里亚（Oliverira）在舒适度控制模式下测量假人在静止和动态条件下服装的热阻，结果表明动态条件下服装的热阻小于静态条件（图 2-54、图 2-55）。

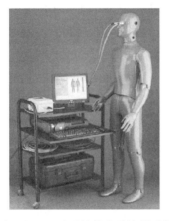 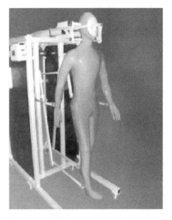

图 2-54　运动暖体假人及控制系统　　　图 2-55　运动暖体假人运动系统

（2）测量人体与环境换热量及换热系数。人体换热系数是人体热反应模型中非常重要的输入参数，用于计算人体与环境的换热量。王等人用暖体假人测量并拟合得到假人表面温度、换热量及织物表面温度三者之间的经验关系式。亨里基茨（Quintela）在气候室用假人测量人体对流与辐射换热系数，气候室几何形状如图 2-56 所示，试验工况设置假人站立、坐姿及平躺三个姿势，环境温度设置在 13～29℃，经过统计拟合分析得到人体处于不同姿势状态下，环境温度和假人表面温度差与人体各区块换热系数的经验关系式。

（3）模拟人体热反应。人体试验和数学建模可用来研究人体热反应，如

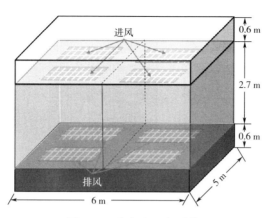

图 2-56　气候室几何形状

皮肤温度、核心温度、心率及人体与环境的热交换等。人体试验具有试验耗时长、个体差异大、所需样本量大等特点，且在高温环境进行人体试验危害受试者健康。数学模型在人体穿服装较少时精确度较高，但在穿防护服的高温环境下，热湿传递的复杂性导致预测精确度明显下降。因此，人体试验和数学模型在高温且穿防护服的环境下研究人体热反应存在很大的局限性，需要探索其他解决途径。假人可实时测量人体与环境之间的热交换量，但它的缺点是无生理调节功能，无法实现对环境的动态反应。然而，人体热反应模型可实现人体生理调节功能的模拟（图 2-57）。因此，将人体热反应模型和假人结合起来既可模拟人体的生理调节功能，也可得到实时的热、湿交换量，从而弥补了假人无法表现生理行为的特点，使假人能"感觉"到环境的热量并动态地调节自身的产热。

　　田边（Tanabe）和大关（Ozeki）共同研发了一种基于计算流体动力学的评价程序，这个程序能用于交通工具内。随着计算机技术的快速发展，数字化模型能够开发用来模拟暖体假人以及假人和环境房间、交通工具、服装整体系统之间的相互作用。李开发了一种基于计算机的模型用来研究服装系统的热湿传递。巴克斯顿（Buxton）开发了一种类似的模型，通过使用人体全身扫描得到的身体数据以及真实记录导出的运动模式来研究服装系统的热湿传递。尼尔森（Nilsson）和霍尔默（Holmer）对比了实际人体穿着实验数据、假人的测量数据以及用 CFO 模型虚拟假人计算所得的数据（图 2-58），导出了一种用于台式电脑模拟和分析的工程学方法。

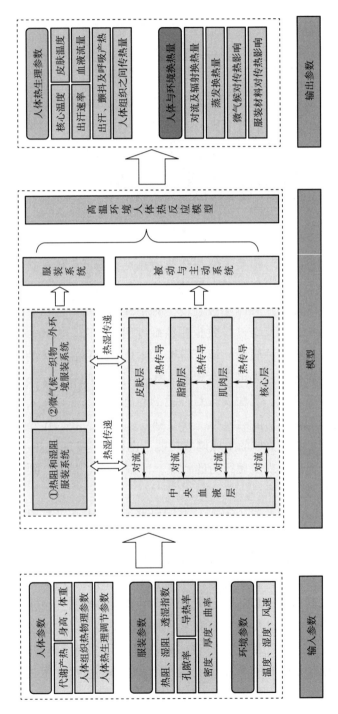

图2-57 人体热反应模型

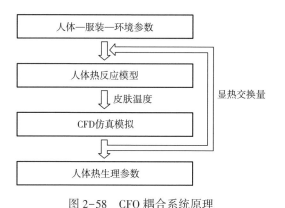

图 2-58　CFO 耦合系统原理

第三节　热湿舒适性的评价标准

热湿舒适性评价标准是一套综合性的评估体系，旨在衡量服装或织物在人体与环境之间热湿传递过程中对人体舒适度的贡献。这些标准通常基于物理学、生理学和心理学的原理，通过一系列测试方法和评价指标来全面评估服装或织物的热湿舒适性能。

一、热湿舒适性评价标准的意义

热湿舒适性评价标准的意义在于多个方面，它不仅是纺织行业技术进步和产品创新的重要推动力量，也是保障消费者权益、提升生活品质的关键因素。

1. 提升产品质量

热湿舒适性评价标准为制造商提供了一个科学、客观的评估体系，帮助他们了解产品在热湿传递性能方面的实际表现。通过对照这些标准，制造商可以识别并改进产品的不足之处，从而提升产品的整体质量和竞争力。这不仅有助于树立品牌形象，还能满足市场对高品质纺织品的需求。

2. 满足消费者需求

随着生活水平的提高，消费者对服装和纺织品的舒适性要求越来越高。热湿舒适性评价标准确保产品在设计、生产和检验过程中充分考虑人体的热湿舒适感受。通过选择符合这些标准的纺织品，消费者可以获得更好的穿着体验，减少因过热、过湿或不适引起的不适感，从而提高生活品质。

3. 促进健康

良好的热湿舒适性有助于维持人体的正常生理功能，减少因环境因素引起的健康问题。例如，透气性好的服装可以减少闷热感，降低中暑和皮肤疾病的风险；透湿性好的服装则能快速排汗，保持皮肤干爽，减少细菌滋生和感染的可能性。因此，热湿舒适性评价标准在保护消费者健康方面发挥着重要作用。

4. 推动技术创新

为了满足热湿舒适性评价标准的要求，制造商需要不断研发新技术、新材料和新工艺。这种技术创新不仅推动了纺织行业的整体进步，还带动了相关产业链的发展。例如，新型纤维材料的研发和应用为纺织品带来了更好的热湿舒适性能；智能化生产线的引入则提高了生产效率和产品质量。

5. 引导市场规范

热湿舒适性评价标准的制定和实施有助于规范市场秩序，防止劣质产品进入市场。通过统一的评价标准和检测方法，消费者可以更加清晰地了解产品的性能和质量，从而做出更加明智的购买决策。同时，这些标准也为监管部门提供了执法依据，有助于打击假冒伪劣产品和不正当竞争行为。

6. 促进可持续发展

随着环保意识的提高，消费者越来越关注纺织品的环保性能。热湿舒适性评价标准在推动技术创新的同时，也注重环保材料的应用和节能减排的生产方式。这有助于减少纺织工业对环境的污染和破坏，推动纺织行业向绿色、低碳、可持续的方向发展。

热湿舒适性评价标准在提升产品质量、满足消费者需求、促进健康、推动技术创新、引导市场规范和促进可持续发展等方面都具有重要意义。它是纺织行业发展的重要支撑和保障。

二、热湿舒适性评价标准

1. 测试标准类别

与纺织服装热湿舒适性相关的标准众多，主要分为国际标准、国内标准、行业标准、企业标准、测试标准、评价标准，且由于方法、应用等的差异性，标准各异，表2-5为主要的测试标准类别。

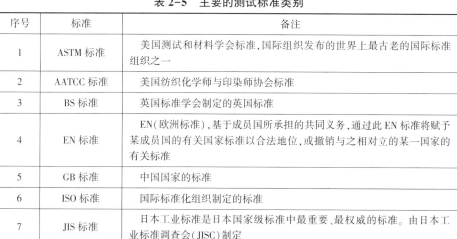

表2-5　主要的测试标准类别

序号	标准	备注
1	ASTM 标准	美国测试和材料学会标准,国际组织发布的世界上最古老的国际标准组织之一
2	AATCC 标准	美国纺织化学师与印染师协会标准
3	BS 标准	英国标准学会制定的英国标准
4	EN 标准	EN(欧洲标准),基于成员国所承担的共同义务,通过此 EN 标准将赋予某成员国的有关国家标准以合法地位,或撤销与之相对立的某一国家的有关标准
5	GB 标准	中国国家的标准
6	ISO 标准	国际标准化组织制定的标准
7	JIS 标准	日本工业标准是日本国家级标准中最重要、最权威的标准。由日本工业标准调查会(JISC)制定
8	FZ/T 标准	纺织工业协会标准
9	M&S 标准	玛莎测试标准

2. 热湿舒适性评价标准

在纺织品行业中，热湿舒适性是评估服装或纺织材料在人体穿着时调节热量和湿度的关键指标。这不仅影响着穿着者的舒适感，还直接影响着其在不同环境条件下的性能表现。为了量化和评估这些特性，国际标准化组织（ISO）和其他标准化机构开发了一系列专门的测试方法和标准，以确保纺织品在各种使用条件下表现稳定和可靠。热湿舒适性测试通常涵盖了热阻、透湿性、湿润透气度等指标，这些指标帮助设计师和制造商了解纺织品在潮湿、炎热或寒冷条件下的穿着舒适度。通过这些标准化的测试方法，可以有效地评估纺织品在不同环境条件下的性能，并优化其设计以提供最佳的穿着体验。热湿舒适性部分标准如图2-59所示。

3. 吸湿快干性评价标准

纺织面料的吸湿快干性能直接影响着穿着者在不同环境条件下的舒适感和体验。吸湿性指材料吸收水分的能力，而快干性则是材料迅速排出吸收的水分并恢复干燥的能力。这些特性不仅在运动服装和户外装备中至关重要，也在日常生活中的衣物选择中扮演重要角色。评估纺织面料的吸湿快干性能通常依赖于国际标准化组织、美国纺织化学师与印染师协会（AATCC）和美国测试与材料协会（ASTM）等组织发布的多种标准和测试方法。这些方法通过模拟不同湿度和温度条件下的实际使用环境，确保产品在各种情况下表现

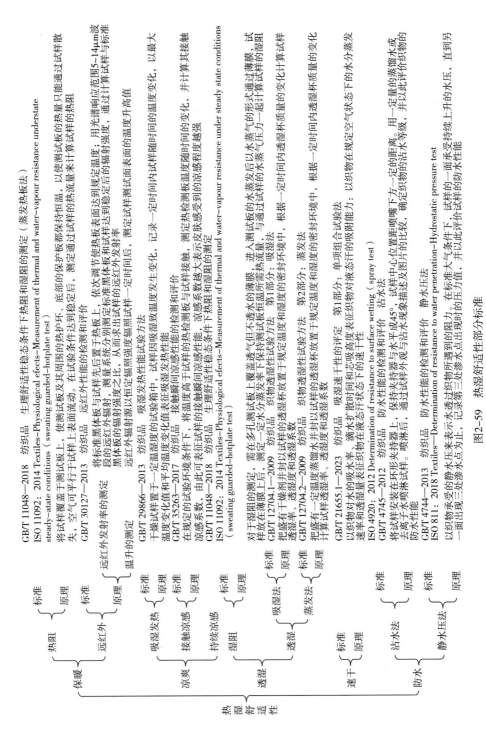

图2-59 热湿舒适性部分标准

稳定可靠。在纺织服装面料的吸湿快干性能评价中，通常会参考以下一些典型的标准和测试方法。

（1）吸湿性。ISO 811：纺织品的吸湿性测定。ASTM D2654-22：纺织品湿度的标准测试方法。AATCC 195：纺织品吸湿性的评估。

（2）快干性。ISO 6330：纺织品洗涤和干燥后尺寸变化测定。AATCC 199：纺织品快速干燥性的评估方法。ASTM D1776/D1776M-20（2024）：纺织品调理和测试标准规范。

这些标准通常会用来评估纺织品吸湿的能力以及干燥速率，以确定其在不同环境条件下的实际应用性能。吸湿快干性能是纺织面料功能性评估中的重要指标，影响着用户穿着时的舒适性和体验。通过 ISO、AATCC 和 ASTM 等标准化组织提供的测试方法，制造商能够准确地评估和改进纺织面料的吸湿快干能力，以满足消费者对高性能和舒适性的需求。这些标准不仅促进了产品创新和质量控制，也提升了纺织品行业在全球市场上的竞争力和可靠性。

4. 暖体假人评价标准

暖体假人国际测试标准（表2-6）是针对医疗设备和产品开发过程中的关键验证步骤之一。这些仿真人体模型被设计用来模拟真实人体的解剖结构和生理功能，以评估设备在实际使用中的性能和安全性。测试标准确保了测试结果的准确性和可靠性，为设备的研发和上市提供了重要的技术支持和保障。

表2-6　暖体假人国际测试标准

假人测试标准	1. ISO 7920,评价服装热性能 2. ASTM F1291,使用暖体假人测量服装热阻的标准测试方法 3. EN-SO 15831,使用暖体假人测量服装基本热阻
采用假人测试的应用标准	1. ENV 342,防寒服标准 2. EN 511,防护手套（暖体假手） 3. ISO DIS 14505,评价车内热环境
需要采用假人测试结果的标准	1. ISO 7730,PMV（predicted mean vate）及 PPD（predicted percentage of dissatisfied）指数的测试标准 2. ISO DIS 7933,热环境,通过预测热应力分析人体热债 3. ISO DIS 11079,在寒冷条件下,通过服装热阻及局部冷却效应解释人体冷感

总之，暖体假人测试标准是医疗设备和产品开发中不可或缺的一环，它

通过高度仿真的人体模型，确保设备在设计和实际使用阶段的有效性、安全性和合规性。这些标准不仅支持设备的技术验证，还保障了最终用户的安全和健康。

第四节 热湿舒适性的评价方法研究

一、评价方法

热湿传递性能是影响纺织品和服装穿着舒适性的关键因素之一，也是决定某些特殊功能性服装使用性能的主要因素。随着科学技术的发展和社会的进步，一方面，人类有可能涉足更加严酷的自然或人为气候条件；另一方面，人们越来越要求服装应具有良好的穿着舒适性及由此带来的良好工作体验。因此，国内外研究者对纺织品和服装的传热和传湿性能做了许多研究，并在基本概念、基本规律、测试方法、评价指标、纤维品种、热湿舒适性机理等方面取得了许多成果。随着人们对于织物热湿舒适性更深层次的研究，逐渐开始对其进行评价分析。评价体系可以分为客观评价体系、主观评价体系和综合评价体系（图 2-60）。

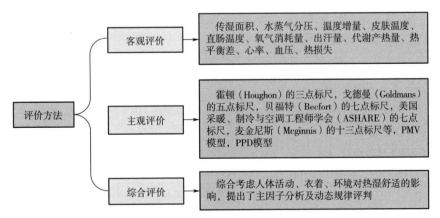

图 2-60 热湿舒适性不同的评价体系下不同的性能参数和指标

在纺织品和服装的热湿传递性能成为穿着舒适性乃至特定功能性服装性能的核心考量后，评价体系的建立与完善显得尤为重要。从基本概念到测试方法，再到评价指标的多元化发展，要全面而准确地评估织物的热湿舒适性，必须结合多种评价体系，其中客观评价体系与主观评价体系是不可或缺的两大支柱。

客观评价体系作为科学评估的基石，通过精密的仪器设备和标准化的测试方法，能够直接量化织物的热湿传递性能，提供客观、可重复的数据支持。这些物理指标，如热阻、透湿率等，不仅揭示了织物材料本身的性能特点，也为设计师在产品开发过程中提供了重要的参考依据。而主观评价体系则更多地关注人体穿着的实际感受。通过人体试验，让志愿者直接体验并评价织物的舒适性，这种心理学评价能够捕捉到客观数据难以反映的微妙差异，如触感、透气性带来的感官体验等。主观评价以其直观性和真实性，为评估织物热湿舒适性提供了不可或缺的补充。接下来，分别深入探索客观评价方法与主观评价方法的具体细节，包括它们各自的测试原理、技术手段、评价指标以及在实际应用中的优势与局限性。

（一）客观评价的方法

客观评价法是利用客观变化的可由仪器进行具体测量的数据进行评价。该评价方法主要是通过以下几个方面进行评价。

（1）用纺织材料的热湿性能以及服装整体的热湿性能来评价服装的热湿舒适性。

（2）把服装微气候作为研究热湿舒适性的基础，通过测量织物与皮肤间微气候区温度、湿度的变化来反映织物对人体舒适感的影响，并提出了一系列评价指标。

（3）通过人体生理数据来分析，服装生理学上指出的生理指标主要有：体核温度（一般使用直肠温度作为体核温度）、平均皮肤温度、平均体温、代谢产热量、热平衡差、热损失、出汗量、心率和血压等。

暖体假人的出现是客观评价体系的重要发明（图2-61），暖体假人发明的主要目的是为了测量服装热阻，最开始暖体假人的主要应用范围是军队服装热舒适性的评测，而后经过各个行业不断地发展，目前暖体假人已广泛应用于交通、航空航天等特种服装开发以及人体与环境热舒适评价领域。

虽然我国对于暖体假人的研究相对较晚，但经过近50年的研究，我国的暖体假人技术已经走在了世界前列。雷中祥、钱晓明等总结了暖体假人在服装热湿舒适性测试上的应用情况，指出暖体假人在服装舒适性研究中具有重要意义，但也存在一定的局限性。不同假人测试出的结果差异较大，且暖体

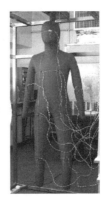

图 2-61　三代暖体假人

假人只是对人类复杂热湿调节系统的一种模拟。许静娴、李俊等以目前暖体假人常见的 3 个操作模式为出发点进行分析，同样指出暖体假人存在上述不足，并进一步指出，关于人体—服装—环境系统的热传递，暖体假人只考虑了皮肤—服装—环境的热交换，并未考虑动态环境下的热湿性变化。因此，在进行服装舒适性主观评价时，还需要通过人体生理试验或现场穿着试验来验证其可靠性。图 2-62 展示了模拟动态环境下的热湿变化实验装置。该装置包括加热管、加热水箱、压力阀门、压力传感器、导管、流量调节器、加热板等组件。这些设备共同工作，以模拟和测量在不同环境条件下服装的热湿传递特性。通过这种实验装置，研究人员可以更准确地评估服装在动态环境中的热湿舒适性，从而弥补暖体假人在动态环境模拟方面的不足。综上所述，虽然暖体假人在服装舒适性研究中具有重要作用，但其局限性需要通过更复

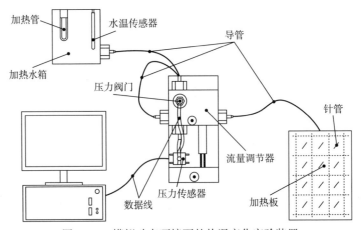

图 2-62　模拟动态环境下的热湿变化实验装置

杂的实验装置和人体试验来补充和验证。

人体生理实验评价法是指在特定的环境条件及人体活动水平下，人体穿着不同类型的服装时，记录人体生理参数，根据其参数变化来客观评价服装舒适性的一种方法。当外部环境发生变化时，人体的生理参数也发生变化，生理实验评价法便利用这一原理，评价服装的热湿舒适性。依据研究的对象和使用场景，设计真人穿着试验，设定恒定的温度和湿度环境，测量人体的生理参数（平均皮肤温度、核心温度、能量代谢率、心率等），通过研究生理参数的变化对服装的热湿舒适性进行评价。生理实验评价法能够真实反映人体运动的状态，通常与主观评价相结合，但也具有极端环境中无法进行真人穿着试验、测量过程不稳定的缺陷。

（二）主观评价的方法

主观评价指人体穿着服装时的较为直接有效的感受。主观评价法是利用人体在设定环境中的心理热舒适性感觉对服装热舒适性进行评价的一种方法，也称为心理学法。人体是服用织物的最终服务对象，服用织物的最终目标是制成织物供人体使用。因此将人体与织物结合起来，通过人体的感受对织物进行评价。主观评价是借助人体的切身感受进行评价的（图2-63），结合了人体与服装之间的关系，对客观评价进行了弥补与检验，实验过程是在一定温湿度的环境中让实验对象穿着要评价的服装，对其进行评价。

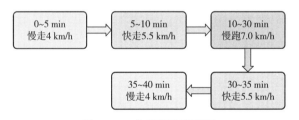

图 2-63　主观实验流程图

实验开始之前要设计好评价问卷，对服装性能的舒适程度或者强度通过不同的语言描述进行区别化，并且给不同程度的语言描述赋予具体数值，在对服装舒适程度进行语言描述时要能够准确形容不同程度的舒适感，评分指标要合理。在实验开始之前需要对实验对象进行简单的培训，使实验对象能专注于舒适感的感受并且能准确对应不同的评价程度，进而量化人体的主观感受，最后根据不同程度的描述所给出的具体数值进行数学处理来评价。指标的确立和标尺的划分是主观评价方法中一个重要的环节，目前该方法还需要进一步完善。主观评价中用来评价的指标和标尺的制定源自心理学评价方法中的一个非常重要的章节。目前评价织物的热湿舒适性的主要指标为闷感、热感、湿感、黏感等（表2-7）。

表2-7　主观评价指标

感觉	5	4	3	2	1
闷感	不闷	不太闷	一般	较闷	非常闷
热感	凉爽	不太凉爽	一般	较热	非常热
湿感	干	不太干	一般	较湿	非常湿
黏感	不黏	不太黏	一般	较黏	非常黏
厚重感	较薄	不太轻薄	一般	较厚重	非常厚重
柔软感	非常柔软	较柔软	一般	不太柔软	不柔软

二、评价方法的优缺点

（一）客观评价的优缺点

利用客观评价法研究多层织物的热湿性能，面料制成服装后，服装的结构松量、开口设计等都会影响服装的隔热透湿性能，面料的物理性能测试不能真实反映服装系统的热湿舒适性。服装的热湿性能可以采用暖体假人法测量，暖体假人可以模拟人体的发热和出汗状态，具有在极端环境中进行试验的优势，不受到真人试验中生理因素和安全因素的影响，而且测量结果客观准确、可重复。但由于暖体假人区别于真人，没有体温调节机制，不具备主观情感，难以模拟真人活动的状态，在实际应用中还存在很大的局限性，需与人体穿着试验相互结合进行评价。

生理指标主要是使实验人对象处于一定的环境中，实验人对象穿着所测试服装，借助一定的实验仪器来测试人体生理数据的变化，如人体穿着不同服装时心率的变化以及出汗率的变化等，从而评价服装的热湿舒适性。具体评价的指标主要有心率、血压、出汗量、微气候中的温湿度等。但是人体生理指标因人而异，可重复性较差，较难标准化。人体生理实验评价法具有可以准确模拟人体活动的真实情况、测试结果可直接与服装的实际使用情况相关联等优点，但该方法的测试结果受实验对象的影响大，在极端环境中实验也会给人体带来危险。

（二）主观评价的优缺点

服装舒适性是人体穿着服装的主观感觉舒适程度，客观测量虽然能够在一定程度上反映服装的热湿性能，但不能代表人体的主观感觉，因此主观评价法即心理学评价法是评价服装热湿舒适性最直接的方法。在不同的环境中，人体穿着服装与环境不断进行着热湿传递，在这个过程中人体的主观感觉难以采用统一的指标进行评价。因此常依据不同感受的评价标尺，为人体主观感觉强弱进行打分。主观评价方法最直接、贴切，但由于不同的人对舒适感、冷热感的敏感程度不同，对标尺的理解也具有差异，主观评价精确性较低。提高样本数量或依靠客观的数据支撑可以提高主观评价精确度，所以主观评价方法常与客观评价方法相结合来评价服装的热湿舒适性。

目前，用来评价不同指标的标尺各异，如霍顿（Houghton）的三点标尺（图 2-64），戈德曼（Goldmans）的五点标尺（图 2-65），贝福特（Bedfort）的七点标尺（图 2-66），美国采暖、制冷与空调工程师学会（ASHARE）的七点标尺，麦金尼斯（Mcginnis）的十三点标尺（图 2-67）等；综合受试者的评分结果后，可得到各种服装舒适感觉指标的主观感觉评分制，然后再用适当的数学方法进行处理，即可评出各种服装的综合舒适感觉指标的优劣性。三级标尺较为简单，对于实验人员来说也较为容易区分；五级标尺难度适中，实验前需对实验人员进行适当的培训或者讲解，这样才能保证实验的准确性；七级标尺较为复杂，实验人员很容易拿捏不好精准度，实验开始之前需要对实验对象做详细具体的讲解。目前，相关研究人员在进行主观评价时更倾向于根据实验情况自行设立标尺。虽然这种评价方法最能反映人体穿着的舒适感，但是由于不同人体对于外界环境的敏感度是有差异的，所以最终获得的实验结果会存在一定的不准确性，因此在进行主观评价时需要大量的实验才能使实验结果较为准确、稳定。

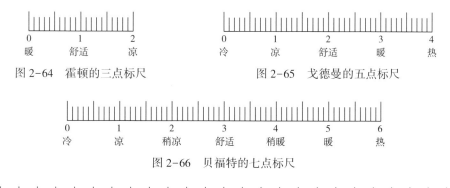

图 2-64　霍顿的三点标尺　　　　　图 2-65　戈德曼的五点标尺

图 2-66　贝福特的七点标尺

图 2-67　麦金尼斯的十三点标尺

当前，纺织品和服装的热湿舒适性评价体系无论是客观评价还是主观评价都建立在静态研究思路之上，并侧重于在标准环境条件下进行测试。这种评价模式通过设定统一的温度、湿度、风速等环境参数，以及固定的测试方法，确保了不同样品之间评价结果的可比性和可重复性。静态评价的优势在于其标准化程度高，便于行业内的统一管理和质量监控。然而，这种评价方式也存在一定的局限性，因为它忽略了人体在穿着过程中所面临的复杂多变的环境因素，如运动状态、环境变化等，导致评价结果可能与实际穿着体验存在偏差。

鉴于静态研究思路下评价的局限性，动态评价及高温高含水评价等新型评价手段逐渐受到关注。动态评价旨在模拟人体在穿着过程中的实际动态变化，如运动、姿态调整等，从而更全面地评价织物的热湿舒适性。这种评价方式能够更真实地反映织物在不同穿着状态下的性能表现，为产品开发提供更有价值的参考。同时，随着极端气候条件的增多和特殊工作环境的需求增加，高温高含水评价也显得尤为重要。这种评价手段通过模拟高温、高湿等极端环境，测试织物在极端条件下的热湿舒适性，以确保其在特殊应用场景下的可靠性和耐用性。因此，引入动态评价和高温高含水评价等新型手段，对于完善纺织品和服装的热湿舒适性评价体系具有重要意义。

热湿舒适性作为纺织科学与人体工程学交叉领域的重要研究方向，近年来取得了显著进展。当前研究现状呈现多元化、系统化的特点，不仅深入探索了材料的热湿传输机理，还广泛关注了实际穿着情境下的舒适感受。

在评价设备方面，随着科技的进步，热湿舒适性评价设备如高精度纺织品微气候仪、智能化出汗暖体假人等不断涌现，这些设备能够精准模拟人体穿着环境，为热湿舒适性的量化评估提供了强有力的技术支持。

与此同时，热湿舒适性评价标准也在不断完善，如国际上广泛采用的 ISO 系列标准以及国内制定的 GB/T 21655.2 等，这些标准的制定与实施，不仅规范了热湿舒适性测试的方法与流程，还促进了国内外研究成果的交流与互认。

在评价方法上，研究者们综合运用了物理学、生理学、心理学等多学科的理论与方法，构建了全面、科学的评价体系。通过测量织物的热阻、湿阻等物理性能，结合人体出汗率、皮肤温度等生理指标，以及受试者的主观感受评价，实现了对热湿舒适性的多维度、综合评估。

第三章

面料在运动状态中的热湿舒适性评价

不同运动状态织物热湿性能测试仪的研制

传统织物热、湿性能测试仪器在测试过程中是将被测样品放置于测试平台上，在织物处于静止状态时测试其热阻、湿阻等性能。即使考虑到风速对织物传热、传湿的影响，也多采用织物置于气流场环境的测试方法。本节旨在建立一种能够测试织物在运动状态下的传热、传湿性能的方法，通过测试仪器可以测试织物在运动状态时表面温度、湿度变化，同时能够测试在过程中热板散热功率的变化。

一、运动状态织物热湿性测试仪系统结构

（一）织物热湿性能测试仪硬件结构

为了研究处于不同运动状态时织物的热湿传递性能，研发了具有自动恒温功能的热板控制平台，且该测试平台能够以测量控制系统为圆心进行运动。测试时将织物置于测试平台之上，测试平台绕测量控制系统作圆周运动，织物与环境之间由于相对运动引起周围空气气流场发生变化，这样就可以测量处于运动状态时织物表面温湿度变化以及热板功率变化情况，进而评价处于不同运动状态时织物的热、湿传递性能。

为了更加清楚了解该仪器的组成及具体功能，采用 Solidwork 软件对该仪器各个组成部分进行结构示意的划分，仪器基本结构示意图如图 3-1 所示。

从图 3-1 中可以看出，本测试系统主要由机架、调速电动机及其控制系统、测量控制系统、测试平台四部分组成。其中，调速电动机 2 主要是为测试平台 6 的运动提供动力，测试平台 6 是以控制系统 3 为圆心，以支架 4 为半径进行圆周运动，通过调整电动机转速来模拟被测样品在不同运动速度时的

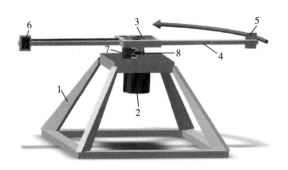

图 3-1　仪器基本结构示意图

1—机架　2—调速电动机　3—控制系统　4—支架　5—平衡器

6—测试平台　7—电源系统　8—联轴器

动态热湿性能及热板热量散失功率变化。

　　通过测量控制系统 3 采集测试平台 6 上的温、湿度传感器信号，并将采集到的温度、湿度模拟信号转换成相应的数字信号，再经数学计算处理变换成常用的温度、湿度单位后，通过无线电传输技术发送至电脑中进行数据处理，显示并保存测试结果。同时测量控制系统对测试平台上热板表面的温度进行测试采集，经内部处理后反馈给控制系统，然后根据温度控制算法计算热板输出的理论功率，并将此功率值输出到功率控制模块，此模块通过控制热板电流的通断时间，保证其表面温度保持在 35℃。仪器控制系统结构示意图如图 3-2 所示。

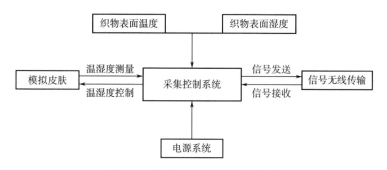

图 3-2　仪器控制系统结构示意图

　　测试平台主要由样品架、加热板和温湿度传感器等组成，如图 3-3 所示。试样架为整个测试控制系统提供一个整体支架，并能将被测样品精确固定在热板上。热板是由经聚酯薄膜包覆热压后的碳纤维布组成，其中，热板下表面采用高发泡闭孔聚乙烯材料对热板进行隔热，目的是尽可能减少热板热量向下支撑架方向的散失。

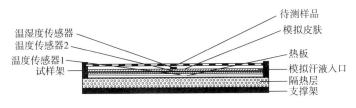

图 3-3　测试平台结构示意图

（二）织物热湿性能测试仪软件结构

图 3-1、图 3-2 描述了处于不同运动状态时织物热湿性能测试仪的硬件结构示意图和控制系统组成图。但随着测试仪器复杂化以及测试结果客观化，要求测试仪器的测试、控制系统能够随环境变化而自动地改变相应参数，因此测试仪器的软件控制系统必须具有一定的自调整功能。图 3-4 是下位机

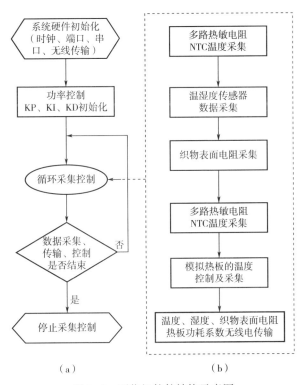

图 3-4　下位机软件结构示意图

（单片机控制系统）软件结构示意图，该测量控制系统主要完成织物表面温湿度信号的采集、织物表面电阻的测量、热板温度的控制及功率的输出控制、传感器信号调理及温湿度数据无线电传输工作。测试工作流程如图3-4所示，其中图3-4（a）是单片机的整体软件结构图，图3-4（b）是整体结构流程中软件循环测试、控制及数据传输流程图。上位机软件主要由信号处理整理模块、信号显示模块和信号数据存储模块三部分组成。上位机是将下位机通过无线信号传输过来的温湿度信号、热板的功率信号通过数据处理，还原成温度、湿度、功耗系数等物理量，然后将测试结果以图表的形式显示给操作用户。同时记录传输过来的数据以明码的格式存储在计算存储器上，供后续试验数据分析。

二、温度传感器的测试要求及信号处理

（一）温度传感器的选择

温度传感器是利用物质各种物理性质随温度变化的规律，把非电量的温度信号转换为可以显示的模拟或者数字信号。温度传感器的种类很多，主要包括热电偶、热阻温度检测器、半导体温度传感器和热敏电阻等传感器。

由于选用的负温度系数（NTC）热敏电阻属于非线性化传感器，在使用该传感器之前必须对其进行电阻—温度精确标定。图3-5是本测试系统使用的热敏电阻利用恒温油浴设备进行测试的电阻—温度曲线。

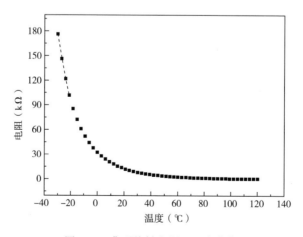

图3-5　典型热敏电阻—温度曲线

同时选用的热敏电阻的温度特性可用经验公式表示：

$$R_T = R_{T_0} e^{\frac{B}{T} - \frac{B}{T_0}}$$ （3-1）

式中：R_T 是温度为 T 时的热敏电阻；R_{T_0} 是温度为 T_0 时的热敏电阻，一般取 T_0 为 25℃；B 是热敏电阻常数（也称热敏指数）。

$$B = 1365 \ln \frac{R_{25}}{R_{50}}$$ （3-2）

式中：R_{25} 和 R_{50} 分别为 25℃ 和 50℃ 时的电阻。

（二）温度传感器的信号处理及电路设计

NTC 热敏电阻具有体积小、热容小、响应快、耐振动、电阻高、温度特性曲线的斜率大等优点，因此作为传感器广泛应用在很多测温精度较高、测温范围较窄的温度测试仪器中。传统 NTC 测温方法可分为电桥法和恒流法两种。采用电桥法测量时，桥臂电阻的材料误差会显著影响测温精度，同时电桥激励电动势的稳定性也会影响测试结果。而采用恒流法对热敏电阻的温度进行测试时，测试热敏电阻的精度主要取决于恒流源的稳定性和热敏电阻本身的精度。

本测试系统的测量范围主要集中在 10~50℃，测温精度要求在 0.1℃，同时要求传感器具有较高的灵敏性。为了保证测试结果的正确性及测温精度，在本测试系统中采用由 TL431 和三极管组成的高精度恒流源。但传统的由 TL431 组成的恒流源电路，由于环境温度对 TL431 的影响，会产生温漂造成该恒流源精确度下降。因此在本电路中采用了二极管及三极管对接补偿方式，抵消由于温度变化损失的精确度而达到设定要求。高精度恒流源电路如图 3-6 所示，电路中电流大小根据图中 R 值的大小来定，由式（3-3）可求得电路中电流大小：

$$I_R = \frac{2 \times 2.5}{R}$$ （3-3）

式中：I_R 为负载电阻通过的恒定电流；R 为恒流源电路中精密电阻，其值取决于所需电流的大小。

将热敏电阻 R_t 串联在图 3-6 所示的恒流源系统中，通过测量热敏电阻两端电压，可以由欧姆定律计算出热敏电阻的阻值，再将此电阻采用查表或者经验方程的方式换算为温度值。在本测试系统中，为了使测试结果稳定以及配合单片机的 AD 端输入阻抗，采集热敏电阻 R_t 端的电压时，需先经过 RC

网络滤波器对热敏电阻端的电压进行滤波，目的是除去周围环境对其电压信号的干扰。最后将滤波过的温度电压信号接入运算放大器 OP07 的同相输入端，目的是调整模数转换器 AD 的输入阻抗，使之与其相配。

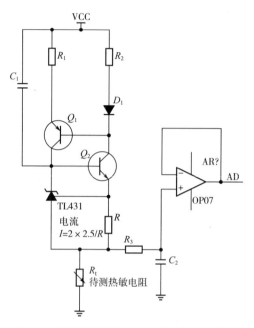

图 3-6　恒流源原理及 NTC 测试方法电路图

本测试仪器的温度测试范围是 10~50℃，模数转换 AD 的输入范围在 0~2.5V。根据图 3-5 热敏电阻—温度曲线可知，热敏电阻在温度 10~50℃的电阻是 19.8~3600Ω。根据欧姆定律，则热敏电阻在温度范围为 10~50℃最大输入电流为 125μA，为了减少由于电流流经热敏电阻引起发热造成的测量误差，此处取恒流源的电流为 100μA。根据上述恒流源计算公式式（3-3）可计算出恒流源上的电阻 R 为 50kΩ。恒电流 100μA，测温范围为 10~50℃时热敏电阻两端的电压如图 3-7 所示。

由图 3-7 可知，电压—温度曲线并非呈线性变化，许多电子工作者为了节省单片机代码的存储空间及后续温度信号的处理，采用模拟电子技术对温度传感器的信号进行了相关的线性变换，使之转换为线性信号，便于后续的信号处理及控制。在本测试控制系统中，硬件上无须对电压—温度信号进行线性变换处理，上位机采取查表的方式进行电压温度转换。

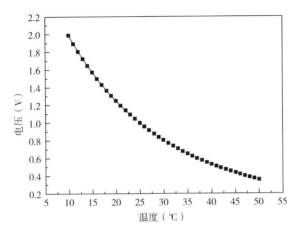

图 3-7 10~50℃热敏电阻上电压变化曲线

（三）测试系统测温模块的响应时间、精度、误差和互换性分析

测试系统的温度响应时间由 AD 采样速率和传感器响应时间来决定，本系统中传感器的响应时间为 0.1s，AD 模块采样速率远小于 0.1s，则本测试系统温度响应时间为 0.1s。

温度测量是本测试仪器的主要核心测试单元，因此温度传感器的精度、灵敏度的高低、传感器的误差大小以及传感器间的互换性直接影响到温度的采集精度以及热板表面的温控精度。本测试仪器的温度传感器采用的 NTC 温度传感器电阻误差为 1%。图 3-8 中两条曲线分别是定制传感器公司测定的标

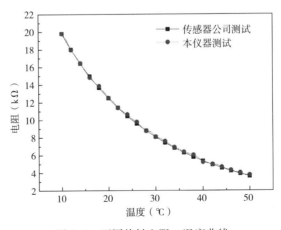

图 3-8 不同热敏电阻—温度曲线

准热敏电阻 NTC 和本测试仪器测试热敏电阻—温度曲线。从图 3-8 中可以看出两条曲线基本吻合，这说明本测试系统测温模块的 AD 转换功能及传感器信号调理设计满足本仪器所需测量精度。

为了检查本测试仪器中测温模块的测温精度及传感器间的互换性，将用传感器公司测试的 NTC 电阻电压信号与用本仪器测试 NTC 传感器电压信号在 27~28℃ 的电压数值提取出来对比，结果如图 3-9 所示。

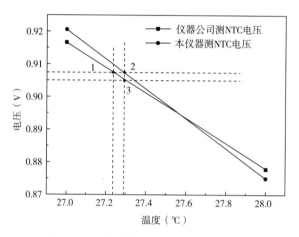

图 3-9　不同热敏电阻电压—温度曲线

传感器精度是精确测量温度的必要条件，将传感器转换成的电压信号的准确度也是保证精确测量温度的另一个必要条件。本测试系统电压测量采用 24 位的 AD 转换器对信号电压进行模数转换，其电压转换理论精度如式（3-4）所示：

$$V_m = \frac{V_{Ref}}{2^{24}} = \frac{2.5000}{16777215} = 0.000000149V \approx 0.15(\mu V) \tag{3-4}$$

在实际电路中要求非常合理的电子线路布线技巧才可以达到式（3-4）所示的精度，因此在本测试系统中对于电压的模数转换 AD 精度采用 16 位，即抛弃 AD 转换过来的低 8 位，将式（3-4）中的转换精度改为 16 位，则：

$$V_m = \frac{V_{Ref}}{2^{16}} = \frac{2.5000}{65535} = 0.000035V \approx 35(\mu V) \tag{3-5}$$

从图 3-9 中 1 和 3 处可以看出，在 1 处的电压值为 0.9075V，相应的温度值大约为 27.24℃，在 3 处的电压值为 0.905V，相应的温度值大约为 27.29℃。即 0.0025V 的电压相对应的温度值差 0.05℃，而本测试仪器 AD 的转换精度为 0.000035V，这远超出了 0.0025V 的要求，满足本测试系统测温模块所需测温精度的要求。

三、湿度传感器的测试要求及信号处理

（一）湿度传感器的选择

大气环境湿度或者织物周围微环境湿度对人体的热湿舒适性有直接的影响，因此必须准确测量湿度。传统的测试方法是采用干湿球温湿度计进行测试，这种方法相对比较简便，但测试精度不高，并且由于干湿球温湿度计体积比较大，只适合测试大气环境的温湿度，不适合测试织物周围微环境的湿度。湿度传感器测试精度高，且湿度传感器的湿敏元件较小，这样不仅测试反应快，还可以测试微环境中的湿度。应用比较广泛的湿度传感器湿敏元件主要有电阻式、电容式两大类。

综合国内外生产湿敏元件的主要优缺点及本测试仪器的所需条件，本测试系统中采用的湿敏元件为电容式湿敏传感器 SHT11（图 3-10）。该传感器的测量范围是 20%~99%，温度系数为 0.04pF/℃时，湿度滞后量约为 1.5%，响应时间为 2s。

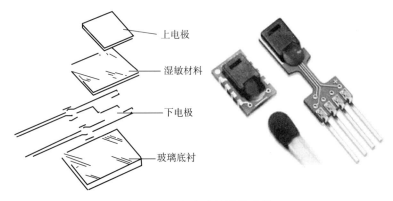

上电极

湿敏材料

下电极

玻璃底衬

图 3-10　电容式湿敏传感器

（二）湿度传感器的信号采集及转换

本系统采用的温湿度传感器 SHT11 是一款数字式温湿度传感器，其内部自带了一个 14 位模数转换器 AD，该传感器最大特点是自身在出厂时已经对内部的温湿度传感器信号进行了校正，因此在使用过程中不需要再次对其测

量值进行实际校正。并且传感器之间有较好的互换性，这样就大大减少了因为传感器的系统因素带来的误差。在SHT11内部集成了计算测试环境中湿度饱和蒸汽压，并且通过测试环境中的温度变化，能够计算出此时湿度所对应的露点温度，具体公式如式（3-6）~式（3-8）所示：

$$EW = 10^{0.66077 + \frac{7.5 \times t}{237.3 + t} + \lg RH} \tag{3-6}$$

$$EW_{RH} = EW \times \frac{RH}{100} \tag{3-7}$$

$$D_p = \frac{0.66077 - \lg EW_{RH} \times 237.3}{\lg EW_{RH} - 8.16077} \tag{3-8}$$

式中：EW 为 t 温度下的饱和蒸汽压；RH 为环境相对湿度；EW_{RH} 为相对湿度 RH 时的水蒸气压；D_p 为此湿度下的露点温度；t 为测试环境的温度。

本仪器在进行湿度测试时，不仅要采集环境空气的湿度变化，还需采集织物在动态放湿过程中表面的湿度变化，因此需要使用多个湿度传感器来进行测试。温湿度传感器SHT11采用了IIC的总线模式与采集系统进行通信，在进行传输时不仅传输数据信号Data，还需要对SHT11发送一定时钟信号SCK，因此对一个湿度传感器进行控制采集时需要两个控制引脚，这样会造成采集控制端口的浪费。在本仪器的研制中，采用多个湿度传感器共用一个时钟信号的测试方法，这样不仅可以增加采集湿度传感器的数量，还节省了采集系统控制时钟信号的时间，提高了本测试系统的湿度响应速度。温湿度传感器与控制系统采集示意图如图3-11所示。

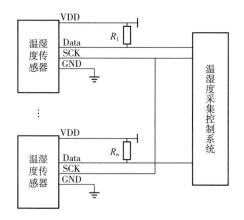

图3-11 温湿度传感器与控制系统采集示意图

四、测试平台温度控制系统的研制及其电路设计

（一）热板表面温度范围及控温材料的研制

人体各个部位的温度是不同的，但代表人体主要温度的是心脏和脑部的血液温度，称之为基础温度或核心温度。表3-1是人体着装后在不同环境下皮肤表面的温度分布。

表3-1　人体着装后在不同环境下皮肤表面温度分布　　　　单位：℃

环境温度	前额	脸	前颈	胸	背	腹	上臂	大腿	小腿	脚	平均
25.5（中环境）	35.8	35.2	35.8	35.1	35.3	35.3	34.2	34.3	32.7	33.3	34.5
15.6（冷环境）	30.7	27.7	33.5	30.9	32.4	28.7	24.7	27.0	24.3	21.4	26.8
30.3（暖环境）	36.5	36.3	36.8	36.1	36.3	36.2	36.4	35.6	34.1	36.4	35.8

从表3-1可以看出，在冷环境下由于血管收缩，人体皮肤表面温度仅为26.8℃。而在中环境温度下，人体内部血管舒张，使得躯干和下肢温度相差不大，人体皮肤表面温度大致维持在35℃左右，此时人体感觉比较舒服。

模拟人体表面温度有两种方式，一种方式是采用电加热镍丝加热来实现，如蒋培清、崔慧杰等人所研发的织物热湿动态测试仪。另一种方式是模拟血管在人体周围循环的方式达到模拟人体皮肤温度，如范金土等人所研发的Walter暖体假人。其中采用电加热方式模拟人体皮肤表面温度的方式比较容易实现，并且通过热欧姆定律能够很容易地计算出模拟皮肤的加热热量。在本测试仪中采用电加热方式来模拟人体表面温度。

在本测试系统中，模拟皮肤热板采用电阻型的碳纤维布作为发热体，在其外表热压一层聚酯薄膜作为保护层，避免因暴露在外部环境而引起触电。之所以采用碳纤维布作为热板材料，是因为碳纤维布具有质量较轻、制作简便、可以任意弯折、发热效率高、操作安全等特点。图3-12、图3-13分别

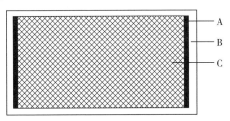

图3-12　热板俯视结构示意图

A—导电电极　B—聚酯薄膜　C—碳纤维布

是采用碳纤维布制成热板的俯视、侧视结构示意图。

图 3-13　热板侧视结构示意图

A—导电电极　B—聚酯薄膜　C—碳纤维布

（二）热板表面温度控制数学模型的建立及实现

由表 3-1 可知，皮肤表面温度基本维持在 35.0℃ 左右时，人体感觉比较舒适，因此在织物热湿性能测试仪的恒温控制系统中，需要将热板的温度控制在 35.0℃。传统对热板进行温度控制的方法是当实测温度低于某一设定值，继电器闭合对其加热，当实测温度高于某一设定温度，继电器断开停止加热。将此方法应用于本系统热板的温度控制时，实测热板的温度变化测试结果如图 3-14 所示。可以看出，虽然通过控制继电器的开关，能够使热板的温度平均恒定在 35.0℃，但由于温控滞后作用，其控温精度不是很高，温度范围为 (35±1.0)℃。这种温控精度可能在其他温度控制系统能达到预期目的，但对本测量控制系统来说，由于所测织物的厚度比较小，并且面料上下表面温差相对来说也比较小，若控温精度比较差，则测量的有效结果会被这种误差所掩盖，而远远达不到本系统的要求。

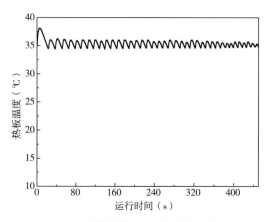

图 3-14　传统热板温度控制结果曲线

本测试仪的热板温度控制系统的算法采用较为智能 PID 控制技术。该技术以经典控制理论和现代控制理论为基础，具有原理简单、技术成熟、温度

控制精度高等优点，采用 PID 控制算法对热板表面温度进行控制的实际温度
测试控制结果如图 3-15 所示。从图 3-15 可以看出，其控制结果远优于图 3-14
所示的传统继电器控制算法。此算法不仅能够较稳定地控制模拟热板的温度，
而且还能计算出此时模拟热板所消耗的功耗系数。下面就此算法的控制原理
做简单描述。

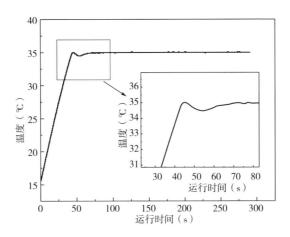

图 3-15　PID 控制热板温度曲线

PID 温度控制器是根据温度误差 $e(t)$，利用比例、积分、微分计算出控
制量 $u(t)$ 进行控制的。具体控制原理如图 3-16 所示。

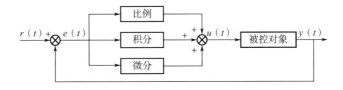

图 3-16　PID 控制原理结构示意图

PID 控制器中系统误差 $e(t)$ 和输出控制量 $u(t)$ 按照式（3-9）进行计算：

$$u(t) = K_{\mathrm{C}}\left[e(t) + \frac{1}{T_{\mathrm{I}}}\int_0^t e(t)\,\mathrm{d}t + T_{\mathrm{D}}\frac{\mathrm{d}e(t)}{\mathrm{d}t} \right] \tag{3-9}$$

式中：$u(t)$ 为控制器的输出；$e(t)$ 为本次测量温度与设定温度的偏差；K_{C}
为 PID 控制器的放大系数，即比例增益；T_{I} 为控制器的积分常数；T_{D} 为控制
器的微分时间常数。

PID 算法的原理即调节 K_{C}、T_{I}、T_{D} 三个参数使温度控制达到设定温度并

保持稳定。在本系统中，将 PID 控制器输出 $u(t)$ 的范围设置在 $0\sim255$，然后将其通过式（3-10）转换成 $0\sim100$ 的百分数，代表此时模拟热板的温度控制功耗系数，即当 PID 控制器输出 0 时表示模拟热板停止加热，当控制器输出 100% 时表示模拟热板全速加热。

$$P_{\mathrm{PID}}(t) = \frac{u(t)}{255} \times 100\% \tag{3-10}$$

式中：$P_{\mathrm{PID}}(t)$ 为模拟热板的实际控制功率输出值百分比。

热板的电阻为 R_{CF}，其上施加的电压为 U，根据欧姆定律，则热板上流过电流为：

$$I_{\mathrm{CF}} = \frac{U}{R_{\mathrm{CF}}} \tag{3-11}$$

由功率定律，则热板上的整体功率为：

$$P_0 = I_{\mathrm{CF}}^2 R_{\mathrm{CF}} \tag{3-12}$$

最后由上述 PID 算法控制原理，利用控制系统产生的 PWM 波形，经由 TC426 和 IRF640 对控制系统的功率进行放大，以实现热板的温度控制，根据式（3-13）即可设定模拟热板的功率控制。

$$P_{\mathrm{out}} = I_{\mathrm{CF}}^2 R_{\mathrm{CF}} P_{\mathrm{PID}}(t) \tag{3-13}$$

图 3-17 是温度控制系统、驱动元器件和热板温度控制接口原理图。图 3-17 中 P0.0 是温度控制系统传输过来的温度控制脉冲信号，该信号的最大电压值为 3.3V，其电流值最大为 20mA，采用此信号来对热板加热无论从单片机的负载大小，还是热板的功率而言都达不到设定要求，因此需要在控制信号与热板之间添加驱动模块及功率放大模块。图中 TC426 就是将控制系统传输过

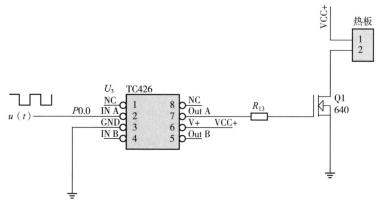

图 3-17 温度控制系统、驱动元器件和热板温度控制接口原理图

来的控制信号进行放大，使其电压、电流达到功率控制模块的要求。功率控制模块 Q1（IRF640）则是对热板进行功率控制的主要单元，通过对驱动模块传输过来的控制信号来进行功率控制，使热板表面温度恒定。

五、间接测试织物含水原理及分析

在本测试系统中引入了织物表面电阻的测量，对于处于运动状态的高含水量织物进行动态放湿的过程，其含水量状态可以采用测量表面电阻的方法进行间接描述，从而对放湿过程中回潮率处于何种状态做辅助说明。测试织物表面电阻的测试原理示意图如图 3-18 所示。其中，V_{SS} 指的是测试电源电压，R_f 为测试织物表面电阻时的参比电阻，其电阻大小一般为 1MΩ，R_c 为待测织物表面电阻，V_{Test} 为待测电压。

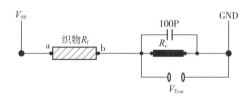

图 3-18 织物表面电阻的测试原理示意图

根据欧姆定律，可以得出织物表面两端的电压 V_{Test}：

$$V_{Test} = \frac{V_{SS} \times R_c}{R_c + R_f} \tag{3-14}$$

即

$$\frac{R_f}{R_c} = \frac{V_{SS}}{V_{Test}} - 1 \tag{3-15}$$

徐卫林等人根据上述公式及织物原料种类、组织结构和织物克重，得到式（3-16）：

$$M = \frac{A}{R_c} \times d^{\frac{n}{m}} \times \frac{V_{Test}}{V_{SS} - V_{Test}} \tag{3-16}$$

式中：M 为织物的含水量；A 为与织物材料、组织结构以及克重相关的参数；$d^{\frac{n}{m}}$ 为织物厚度。

根据式（3-16），当测试一定距离织物表面的电阻，即可大致计算出此状态下织物的含水率。实验结果表明，当织物含水量一定时，织物表面电阻随测试电极间距离的增加而增加，见表 3-2。

表 3-2 不同回潮率和不同测试电极距离时织物表面电阻变化

回潮率 （%）	电阻×10 （10mm）（kΩ）	电阻×10 （20mm）（kΩ）	电阻×10 （30mm）（kΩ）	电阻×10 （40mm）（kΩ）	电阻×10 （50mm）（kΩ）	电阻×10 （60mm）（kΩ）
142	11	20	26	26	30	31
123	14	22	30	30	35	34
91	22	30	38	40	42	48
52	46	51	70	75	80	85
32	50	85	100	110	120	120
12	100	200	450	500	800	1000

注 回潮率和不同距离织物表面电阻所用液态水中添加了 0.9% 的 NaCl 溶液。

六、织物不同运动状态热湿性能测试仪运动设计

本测试系统在乔治·E. 罗杰斯（George·E. R）等人制作的运动状态下织物热湿性能测试仪的基础上进行设计。本测试仪器中的电动机采用交流减速电动机（型号 2IK6GN-CF），为了保证测试平台的稳定运动，将电动机转速降低 30%，即使用减速器的减速比为 3：1，这样不仅降低了电动机转动速度，还增加了电动机的扭转力矩。根据电动机转速控制器可以计算出测试平台的旋转角速度，然后根据角速度与线速度之间的公式，即可计算出测试平台及织物的运动速度大小。电动机的转动角速度与织物运动线速度之间的换算公式如式（3-17）所示：

$$V = 2\pi\omega r \tag{3-17}$$

式中：V 为织物运动线速度（m/s）；ω 为测试平台实际旋转角速度（r/s）；r 为支架的半径，在本测试仪器中，支架的半径为 0.3m。

根据式（3-17），即可获得不同转速下织物运动强度值的大小，见表 3-3。

表 3-3 测试平台运动速度与电动机间的关系转换表

表观转速	2r/s	3r/s	4r/s	5r/s	6r/s
实际转速	0.67r/s	1r/s	1.33r/s	1.66r/s	2r/s
运动速度	1.26m/s	1.88m/s	2.51m/s	3.13m/s	3.77m/s

注 表观速度为电动机控制显示速度，即为电动机转速；实际转速为电动机经减速器减速后的实际转速；运动速度为将电动机角速度转换成织物运动的线速度。

七、测试信号的传输系统及测控系统电输送

（一）测控系统信号传输

本测试系统采用将测量控制系统与织物一起做圆周运动的设计方法。测量控制系统对温湿度传感器的信号采集之后，对其进行整理、分析、编码，然后通过串口无线电发射模块发射到上位机 PC 中，并重新对其数据进行解码、分析，以数字和图形的方式直观地显示给用户。这样不仅克服了传统电缆无法旋转传输采集信号的缺点，而且温湿度传感器数量可以随意增加。温湿度采集信号无线传输示意图如图 3-19 所示。

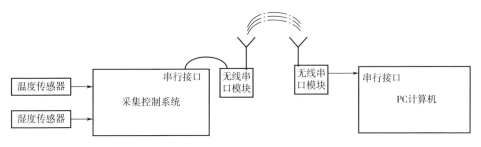

图 3-19　温湿度采集信号无线传输示意图

（二）测控系统电源的选择及传输

由于热板和测量控制系统在测试过程中处于运动状态，其电源的输入要求不能采用传统电缆直接输入的方式。在本系统设计初期，采用电池供电的方式供电，即电池和控制系统一起固定在电动机轴的上方进行电源供电，如图 3-2 中控制系统 3 所示。这种供电方式虽然相对比较简单，但受电池容量的限制，不能对热板进行加热，并且测试时间相对较短。为了能够给处于运动状态的测试平台和采集控制系统持续供电，本仪器中采用了弹性铜片与铜环相接触，下面对该种供电方式的装置原理简单介绍，具体装置示意图如图 3-20 所示。

首先将图 3-20 中的联轴器 3 与测量控制平台 4 通过焊接的方法连接在一起，此联轴器作用主要是将下方电动机与测量控制平台 4 连接在一起，以下方电动机主轴 1 的旋转带动上方测量控制平台 4 的旋转。将尼龙绝缘套筒 2 套接在联轴器 3 上，同时在尼龙绝缘套筒 2 上下表面分别套上一定厚度的导电铜环，将此导电铜环与导线连接并通过联轴器 3 的内孔穿过测量控制平台 4

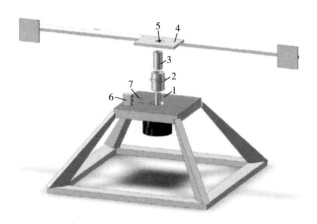

图 3-20　测控系统电源传输示意图

的中间孔洞 5。在此之后，就可以将带有尼龙绝缘套筒 2 和采集控制平台的联轴器 3 套接在电动机主轴 1 上。最后将导电支座 6 和导电铜片 7 的组合体靠近绝缘套筒 2 表面，并使导电铜片 7 与绝缘套筒 2 表面导电铜环通过导电铜片 7 的弹性紧密连接在一起。至此即可实现对旋转平台上的测量控制系统稳定供电。

　　根据图 3-1 设计的仪器基本结构示意图，研制相应的温湿度测量、温度控制系统以及信号传输系统，然后根据图 3-20 对本测试仪进行实际的研制工作，获得如图 3-21 所示的实际测试仪器。

图 3-21　仪器实际运行状态图

第二节　不同运动状态织物传热性能研究

织物是一种由纤维组成并由纱线经织造而成的一种典型多孔结构材料。本节首先对织物内孔隙大小及结构进行分析，然后以传统传热理论为基础，分析织物及热板在不同运动状态时发生的传热过程。最后以自行研制的织物热湿性能测试仪为主要测试手段，对不同组成材料、不同组织结构、不同层数的织物表面温度、热板散热功率进行测试，通过改变不同运动状态速度、运动角度，研究分析了处于运动状态下织物的热传递性能。

一、织物传热理论

（一）织物结构模型

织物并不是一种类似塑料薄膜的均质材料，而是一种由相同或者不同纤维组成的多重孔隙结构非匀质材料。由于织物内孔隙大小对织物的传热、透湿、透气性能影响较大，因此在建立织物传热模型时，必须对织物的孔隙率以及孔隙结构进行讨论分析。

纤维内孔隙主要是指纤维原纤之间缝隙和有空腔纤维孔隙。纤维内大分子无定形区的缝隙，其孔洞缝隙的尺寸较小，横向尺寸 1~50nm，这些孔洞部分是连续贯通，部分是非连续贯通，由于此部分孔隙非常小，在进行传热试验时一般不予考虑。有空腔的纤维，主要是天然纤维如棉、麻的中腔，羊毛纤维的毛髓等，这些孔洞的缝隙有相当大一部分不是贯通的，即孔洞是封闭的，在热湿试验测试时，此部分必须考虑。上述两种孔隙结构如图 3-22、图 3-23 所示。

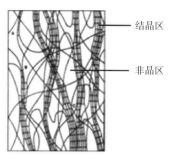

图 3-22　原纤之间的孔隙结构

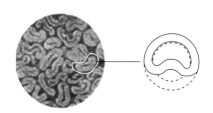

图 3-23　纤维内部空腔孔隙

纱线内纤维间的孔洞缝隙的大小与纤维直径、纱线密度和纱线加捻系数有关。李鸿顺、毛俊芳等人对不同粗细的纱线横截面积进行研究，结果表明纱支粗的纤维平均孔隙率较大，纱支细的平均孔隙率较小；环锭纱呈内紧外松结构，即中间孔隙率小，纱线外层的孔隙率大，纱线根据粗细程度的不同，其孔隙率分布在50%～80%。

织物内纱线间的孔洞缝隙主要与织物组织结构、织物中纱线的直径、织物的紧度等有关。对机织物而言，皮尔斯（Peirce）建立了织物结构模型，结合机织物组织的织物覆盖系数来计算织物内纱线与纱线间的孔隙率。

$$E_T = \frac{P_j \times d_j}{L_j} \tag{3-18}$$

$$E_W = \frac{P_w \times d_w}{L_w} \tag{3-19}$$

$$E = E_T + E_W - E_T \times E_W \tag{3-20}$$

式中：E_T 为织物经向紧度；E_W 为织物纬向紧度；E 为织物总紧度；P_j 为织物经向密度（根/10cm）；P_w 为织物纬向密度（根/10cm）；d_j 为经纱直径（mm）；d_w 为纬纱直径（mm）；L_j 为经向长度；L_w 为纬向长度。

（二）传统热传递理论

在自然界中，只要有温差存在的地方，一定会发生热量转移的现象，并且热量转移的规律是从高温向低温转移。在人体、服装和外部环境三者之间同样也存在温差，因此热量的转移在这三者之间也同样存在。热量的传递按其导热机理可以分为三种不同的类型：热传导、热对流和热辐射。

本测试仪器测试平台结构示意图如图3-24所示，从图中可以看出，热板、织物和环境三者之间存在上述三种类型的热传递。热板温度 T_p 高于环境温度 T_e，则热量从热板向织物进行热传导，导致织物温度高于环境温度。同时在织物表面会向周围环境进行热辐射，织物表面会由于空气密度不同造成自然热对流，则热板、织物、环境之间的热交换包含热传导、热对流和热辐射三种形式。

热板与织物（假定织物为匀质材料）之间的一维导热热流密度和单位时间内的导热量为：

$$q_c = -\lambda \frac{\partial T}{\partial y} \tag{3-21}$$

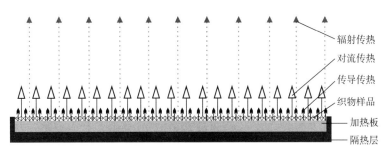

图 3-24　织物与热板间传热示意图

$$\varphi_c = -\lambda A \frac{\partial T}{\partial y} \qquad (3-22)$$

式中：λ 为导热系数 [W/(m·K)]；$\dfrac{\partial T}{\partial y}$ 为温度 T 沿 y 方向的变化率（K/m）；A 为导热面积（m²）；φ_c 为通过导热面积 A 的导热量（W）；q_c 为热流密度 [W/(m²·K)]。

织物与外部环境之间的热对流是由于空气密度不同或者测试平台运动而产生，在本试验中根据相对运动的理论，将其看作热对流中的自然对流或者强制对流，则基本公式如式（3-23）、式（3-24）所示：

$$q_d = h_t(T_{sf} - T_e) \qquad (3-23)$$

$$\varphi_d = A h_t(T_{sf} - T_e) \qquad (3-24)$$

式中：h_t 为对流换热系数 [W/(m²·K)]；T_{sf} 为织物表面温度（K）；T_e 为环境温度（K）；φ_d 为在单位时间内通过导热面积 A 的导热量（W）；q_d 为热流密度矢量（W/m²）。

织物表面由于热板对其进行热传导，其温度高于环境温度。根据热辐射原理，只要物体内或者两物体间有温差存在，就可以进行辐射热量传递。织物的热辐射遵循玻尔兹曼定律，即：

$$\varphi_f = A \sigma \varepsilon (T_1^4 - T_2^4) \qquad (3-25)$$

式中：σ 为玻尔兹曼常数，其值为 5.67×10^{-8} [W/(m²·K⁴)]；ε 为物体的发射率，其值总小于 1，与物体的种类和表面状态有关；A 为辐射面积（m²）；T_1、T_2 分别为物体温度和环境温度（K）；φ_f 为在单位时间内通过辐射面积 A 的辐射量（W）。

由于热板温度高于环境温度，在热板、织物、大气环境之间就一定存在热传递，式（3-21）~式（3-25）中三种传热方式则同时存在。

（三）处于运动中的织物传热理论

　　为了研究处于运动中的织物在热板加热状态下与大气环境的热交换过程中发生的传热方式及机理，应先研究热板在无织物覆盖、处于静止状态时热板与大气环境间的热交换过程及传热方式（假设热板是向上一维传热）。图 3-25 是大气环境温度为 T_e、热板保持恒温 T_p 在静止状态时的传热示意图。从图 3-25 中可以看出，当热板 $T_p > T_e$ 时，由上述传热原理可知，同一物体或者两物体之间只要存在温度差，就一定存在热传递现象。热板与其上空气之间同时发生上述三种类型的热传递。

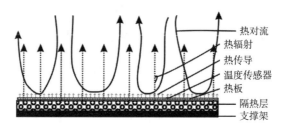

图 3-25　无织物覆盖热板传热示意图

　　由于热板与空气相接触，则在热板与空气层之间必然存在热传导现象，其热传导规律符合傅里叶定律，在热板与空气层之间的热流密度计算方法如式（3-21）所示。随着热板对表面空气层的加热，此部分空气的温度会逐渐上升，根据空气密度与温度呈反比的关系可知，空气温度上升，其体积增大，密度会逐渐降低。因此热板上表面部分空气会由于密度的降低而向上漂移，相应密度较高的冷空气会由于重力作用而移动到热板表面，上述循环过程造成热板表面发生自然对流传热，其传热过程中的热流密度计算方法如式（3-23）所示。同样，由于热板温度 T_p 高于环境温度 T_e，则在热板与环境之间存在辐射换热，辐射换热的辐射量计算方法如式（3-25）所示。

　　根据式（3-22）、式（3-24）、式（3-25），可以计算出恒温热板在静态空气中由热板向空气的理论散热功率，即图 3-25 无试样覆盖热板散热示意图理论散热功率值 Q_z，即：

$$Q_z = \varphi_c + \varphi_d + \varphi_f \tag{3-26}$$

$$Q_z = -\lambda_a A \frac{\partial T}{\partial y} + A h_t (T_s - T_e) + A \sigma \varepsilon (T_1^4 - T_e^4) \tag{3-27}$$

假设热板仅在一维方向上进行散热，则热板上表面空气薄层与对流间的关系为：

$$-\lambda_a \frac{\mathrm{d}T}{\mathrm{d}y} = h_{ta}(T_s - T_e) \qquad (3-28)$$

则单位时间处于静止状态热板与大气环境之间的散热量为：

$$Q_z = Ah_{ta}(T_s - T_e) + A\sigma\varepsilon(T_p^4 - T_e^4) \qquad (3-29)$$

式中：T_p、T_s、T_e 分别为热板温度、热板空气薄层温度和环境温度；h_{ta} 为测试环境中自然对流或强制对流传热系数，在不同气流场环境下其值有较大变化；λ_a 为空气导热系数。

当热板处于静止状态时，h_{ta} 值可根据所处环境由格拉晓夫数、空气的普朗特数和努塞尔数联合求得，即：

$$h_{ta} = \frac{Nu \times L}{\lambda_a} = \frac{m(Gr \times Pr)^n \times L}{\lambda_a} = \frac{m\left(\frac{ga_v \Delta T l^3}{v^2} \times \frac{\mu C_p}{\lambda_a}\right)^n \times L}{\lambda_a} \qquad (3-30)$$

式中：Nu 为努塞尔数；Gr 为格拉晓夫数；Pr 为某一温度下的普朗特数；g 为重力加速度 $9.8\mathrm{m/s^2}$；a_v 为空气的膨胀系数，其值为 T 温度的倒数；ΔT 为过余温度数，即热板表层空气与环境温度的差值，其值为 $T_s - T_e$；v 为 $(T_s + T_e)/2$ 时空气运动黏滞系数；C_p 为 $(T_s + T_e)/2$ 温度时空气的等压比热容；μ 为在此温度下空气的运动黏度系数；L 为等效长度，其值等于热板的面积除以热板的周长；m、n 由热板的放置状态决定；l 为热板的特征长度。

单位时间处于静止状态无织物试样覆盖热板与大气环境之间的散热量为：

$$Q_z = A(T_s - T_e)\frac{m\left(\frac{ga_v \Delta T}{v^2} \times \frac{\mu C_p}{\lambda_a}\right)^n \times L}{\lambda_a} + A\sigma\varepsilon(T_p^4 - T_e^4) \qquad (3-31)$$

当无试样覆盖的热板处于一定速度的运动状态时，热板与周围环境之间的热交换不仅包括上述处于静止状态时的传热方式，还包括由于测试平台与空气之间相对运动引起的强制对流散热。则强制对流散热系数 h_{tq} 为：

$$h_{tq} = \frac{Nu \times L}{\lambda_a} = \frac{B \times Re^m \times Pr^n \times L}{\lambda_a} = \frac{B \times \left(\frac{u_e l}{v}\right)^m \times \left(\frac{\mu C_p}{\lambda_a}\right)^n \times L}{\lambda_a} \qquad (3-32)$$

式中：u_e 为热板和测试平台运动的线速度；B、m、n 值由雷诺数 Re 值决定，当 Re 小于 5×10^5 时，B、m、n 分别为 0.664、0.5、0.33，当 Re 远大于 5×10^5 时，B、m、n 分别为 0.037、0.8、0.33。

将式（3-32）计算的强制对流散热系数增加到式（3-26），则无试样覆盖的热板以线速度 u_e 进行运动时，热板的散热量为：

$$Q_{rz} = Ah_{ta}(T_s - T_e) + Ah_{tq}(T_s - T_e) + A\sigma\varepsilon(T_p^4 - T_e^4) \tag{3-33}$$

$$Q_{rz} = A(T_s - T_e)\frac{0.54 \times \left(\frac{ga_v\Delta Tl^3}{v^2} \times \frac{\mu C_p}{\lambda_a}\right)^{0.25} \times L}{\lambda_a} +$$

$$A(T_s - T_e)\frac{0.664 \times \left(\frac{u_e l}{v}\right)^{0.5} \times \left(\frac{\mu C_p}{\lambda_a}\right)^{0.33} \times L}{\lambda_a} + A\sigma\varepsilon(T_p^4 - T_e^4) \tag{3-34}$$

从式（3-34）可以看出，单位时间内无试样覆盖热板的功率散失量 Q_{rz} 与热板表面积 A 成正比例关系，与线速度 $u_e^{0.5}$ 成正相关，与热板上表面空气薄层温度 T_s 呈线性正相关。

由上述得知，织物中包含纤维内孔隙、纱线纤维与纤维之间和织物中纱线与纱线间的孔隙的多孔材料（由于纤维内的非晶区的微孔结构尺寸非常的小，所以在此不予以考虑），根据多孔材料导热率计算方法，织物的导热率 λ_f 为：

$$\lambda_f = (l - \varepsilon_f)\lambda_{f,f} + \varepsilon_f\lambda_a \tag{3-35}$$

式中：ε_f 为织物的孔隙率，表示织物中孔隙所占的体积分数；$\lambda_{f,f}$ 为纤维材料的导热系数。

当织物覆盖于热板时，热量传递过程是热板首先将热量传递给织物，然后再通过热对流和热辐射传递到外部空气中，则式（3-28）改写为：

$$-\lambda_f\frac{dT}{dy} = h_t(T_{sf} - T_e) \tag{3-36}$$

由于织物内纤维内部孔隙、纱线内纤维与纤维间孔隙的存在，静态空气增多，当织物覆盖于热板上表面时，热板向空气热传导的热阻增加，则织物表面温度 T_{sf} 会大于无织物覆盖热板时空气薄层温度 T_s，因此热板散失热量较无织物覆盖热板低。因此，处于运动状态下有织物覆盖热板时散热量为：

$$Q_{rz} = A(T_{sf} - T_e)\frac{0.54 \times \left(\frac{ga_v\Delta Tl^3}{v^2} \times \frac{\mu C_p}{\lambda_a}\right)^{0.25}}{\lambda_a} +$$

$$A(T_{sf} - T_e)\frac{0.664 \times \left(\frac{u_e l}{v}\right)^{0.5} \times \left(\frac{\mu C_p}{\lambda_a}\right)^{0.33} \times L}{\lambda_a} + A\sigma\varepsilon(T_{sf}^4 - T_e^4) \tag{3-37}$$

从式（3-37）可以看出，覆盖织物的模拟热板单位时间内散热量不仅与环境温度、织物面积呈一定线性相关，还与织物表面温度、热板运动速度的平方根呈正相关性。

二、不同运动状态织物的传热试验

（一）织物常规参数

为了测试织物处于不同运动状态时的热传递性能，以山东如意科技集团有限公司的纯毛机织面料为典型代表样品进行主要测试。表3-4是该织物及其他被测面料常规参数，其中织物的经纬纱密度、厚度、克重均采用国家标准 GB/T 4668—1995 进行测定。

表 3-4　试样的常规参数

编号	组织结构	材料	织物密度（根/10cm）	厚度（mm）	经纱线密度（tex）	纬纱线密度（tex）	克重（g/m²）
1#	机织平纹	纯毛	400×346	0.30	25.0	20.0	182.3
2#	机织平纹	纯棉	546×268	0.25	7.2	7.2	162.4
3#	机织平纹	纯涤	1094×338	0.26	8.3	8.3	200.6
4#	针织平针	纯毛	220×96	0.35	31.3	31.3	190.1
5#	针织平针	纯棉	250×100	0.54	14.6	14.6	230.2
6#	针织平针	纯涤	360×120	0.47	14.2	14.2	164.9
7#	机织平纹	纯棉	45×44	0.23	14.6	14.6	50.0
8#	机织平纹	纯棉	133×72	0.24	14.6	14.6	94.5
9#	机织平纹	纯棉	119×107	0.25	14.6	14.6	125.1
10#	机织平纹	纯棉	120×110	0.25	14.6	14.6	147.8
11#	机织平纹	纯棉	125×120	0.26	14.6	14.6	151.6
12#	机织平纹	纯棉	133×120	0.26	14.6	14.6	153.4
13#	机织平纹	纯棉	550×345	0.27	5.8	5.8	159.7

织物的保温率、热阻在标准状态下利用 YG606F 型平板式保温仪进行测定，同样，织物的透气性参照《纺织品保温性能试验方法》，利用 YG461E 型全自动织物透气量仪在标准环境下进行测定，每个样品分别测试 3 次，然后取其平均值为最终测试结果，具体测试结果见表3-5。

表 3-5 试样的传热透气参数

编号	保温率(%)	透气性(mm/s)
1#	18.5	191.5
2#	22.2	225.6
3#	16.8	140.4
4#	25.3	1470.3
5#	15.6	404.6
6#	16.3	863.1
7#	13.8	1057.0
8#	16.2	503.1
9#	15.8	115.6
10#	14.6	68.6
11#	15.8	54.3
12#	9.8	38.1
13#	10.5	17.4

（二）处于运动状态织物的传热测试过程及测试方法

传统纺织品的传热性能测试都是在恒温、密闭的测试环境下进行，尤其是平板式保温仪，测试布样是放在恒温板上，在周围安装有机玻璃框罩的密闭空间中进行。此时织物涉及的传热过程主要有传导传热、自然对流传热和热辐射三种（环境中部分水蒸气与织物之间存在吸附与解吸附，由于此时达到平衡状态，此过程发生的热量交换可以忽略不计）。而服装面料的使用环境通常是处于一定运动状态或者一定气流场环境中，可以认为在此状态下发生的热传递增加了强制对流，并且在一定条件下，可以忽略自然对流和辐射散热的散热量，因此对处于不同运动速度或者一定气流场环境下的传热研究显得非常重要。

在本测试系统中织物上表面温度用于衡量织物外表面的温度分布，可计算织物内外两面的温度差，进而表征温度传递的推动力；热板功耗系数通过式（3-30）来计算，可得到热板的功率，用于衡量从织物中传递出去的热量。计算得出织物的保温率，用于表示织物阻止热量散失的能力，保温率越大，织物阻止热板能量散失能力越好。

为了使被测织物处于不同速度和方向的运动状态，将织物平铺并固定在热板表面，利用电机控制器改变织物在大气环境中的运动强度，改变测试平台与水平方向所形成的夹角达到织物不同方向的运动状态。通过测量织物上表面的温度和热板的功耗系数，计算出热板功率和织物的保温率，从而评价织物的热传递状态。在前期的试验中发现，电动机运行速度从一个状态转变成另一个运动状态时，织物表面温度和热板功耗系数在50~70s就可以达到稳定值。在实际试验中，设定调整电动机在不同运行状态的间隔时间为100s，目的是提高测试结果精准性。图3-26是通过改变测试平台与水平方向夹角，从而达到改变织物不同运动方向的测试示意图，图3-26分别代表运动角度为0°、30°、60°、90°时测试平台与水平线之间的状态，分别对应a状态、b状态、c状态、d状态。

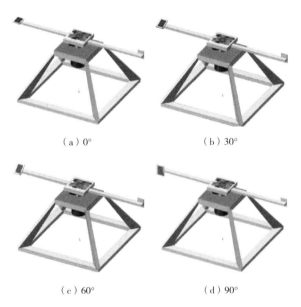

（a）0°　　　　　　　　（b）30°

（c）60°　　　　　　　　（d）90°

图3-26　测试平台以不同角度运动原理示意图

三、运动状态对织物传热性能的影响

（一）运动速度对无织物覆盖热板功率的影响

首先研究无织物覆盖热板不同运动速度时的功率变化情况，采用图3-28中测试平台及热板a状态的运动角度，测试不同运动速度时无织物覆盖热板的功率变化，具体测试结果如图3-27所示。

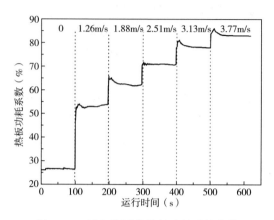

图 3-27　无织物覆盖热板功耗系数曲线

从图 3-27 可以看出，无织物覆盖热板时，其功耗系数随运动速度的增加呈非线性增加趋势，这主要是由于热板的温控系统测量并控制热板表面温度维持在 35℃，当热板温度低于 35℃时，热板温控系统采用 PID 控制算法加大输出功率，以维持热板温度在规定范围之内，当热板温度高于 35℃时，控制系统逐渐停止给热板输出电压。在大气环境中，随着测试平台运动强度的增加，热板表面强制对流散热量随之增加，热板为了维持恒定温度，其输出的功率也必定增加。

为了更好地研究测试平台在不同运动强度时对无织物覆盖热板散失热量的影响，将图 3-27 中处于不同运动速度的热板功耗系数提取出来，具体数据见表 3-6。

表 3-6　无织物覆盖热板功耗系数

速度（m/s）	0	1.26	1.88	2.51	3.13	3.77
无织物覆盖热板功耗系数(%)	26.7	53.2	62.8	71.2	78.4	83.3

由热板的温度控制原理可知，热板功耗系数为温度控制系统中 PWM 值的百分比，即在测试过程中热板加热功率与热板理论总功率的比值。根据式（3-30）和表 3-6 中的功耗系数，即可计算出热板在不同速度运动时热量散失功率。

热板总散热量 Q_z 与热板运动速度 U_e 平方根（或者热板总散热量 Q_z 的平方与热板运动速度值 U_e）呈线性关系，即：

$$Q_z \propto U_e^{0.5} \quad 或 \quad Q_z^2 \propto U_e \tag{3-38}$$

根据式（3-38），热板热量散失率与运动速度平方根呈线性正相关，则将无织物覆盖热板功率平方与热板运动速度作图，并对其进行线性回归，结果如图 3-28 所示。

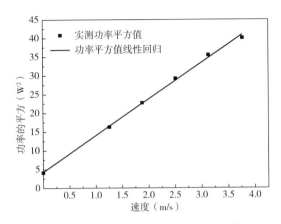

图 3-28　无织物覆盖热板功率回归曲线

从图 3-28 可以看出，实测无织物覆盖热板功率平方值与热板运动速度值呈线性关系，以图中热板运动速度值为变量 X，以热板功率散热平方值为变量 Y 进行线性回归，则不同运动速度时无织物覆盖热板的功率线性拟合公式为：

$$Y = 9.73X + 4.32 \, (R^2 = 0.99) \tag{3-39}$$

从式（3-39）可以看出，热板功率实测值与式（3-34）、式（3-38）理论计算相吻合，这从侧面说明了本测试仪器测试结果的可靠性。当热板运动速度值为 0 时，即热板处于静止状态，Y 为 4.32，即为热量散失功率的平方值 P_z^2。则将热板热量散失功率 P_z 和热板运动速度 U_e 代入式（3-39）得：

$$P_z^2 = 9.73U_e + 4.32 \, (R^2 = 0.99) \tag{3-40}$$

则可以认为，当外界环境温度一定时，无织物覆盖热板的功率平方值与热板运动速度值呈线性关系。

（二）运动速度对织物覆盖热板功率的影响

为了研究处于运动状态的织物在不同运动速度时对保温性以及织物表面温度的影响，仍采用图 3-26（a）中测试平台及热板运动角度，表 3-4 中 1# 织物为测试样品，测试运动速度对织物表面温度以及热板散热功率变化的影响。具体测试结果如图 3-29 所示。

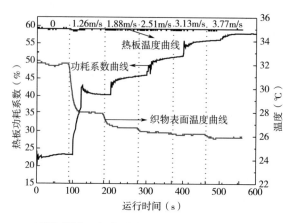

图 3-29　覆盖单层 1#织物时热板功耗系数及织物表面温度曲线

从图 3-29 可以看出，织物表面温度随运动速度的增加而呈非线性减少的趋势，其中当织物的运动速度从 0 增加到 1.26m/s 时，其表面温度的降幅最大，同时热板的功耗系数随运动速度的增加呈现出一定增加趋势。为了能够分析不同运动速度与热板功耗系数及织物表面温度的关系，将图 3-29 中不同阶段的热板功耗系数和织物表面温度进行分析，结果见表 3-7。

表 3-7　覆盖单层 1#织物时热板功耗系数和表面温度

速度（m/s）	0	1.26	1.88	2.51	3.13	3.77
覆盖单层织物热板功耗系数（%）	23.3	40.4	45.8	51.1	55.9	57.9
覆盖单层织物表面温度（℃）	32.1	27.9	26.7	26.3	26.2	25.9

同样采取上述方法将表 3-7 中的热板功耗系数转换成热板实际功率。根据保温率的计算公式，即可计算出测试织物在不同气流场下的保温率 Q（表 3-8）：

$$Q = \left(1 - \frac{Q_1}{Q_0}\right) \times 100\% \tag{3-41}$$

式中：Q 为试样的保温率；Q_1 为有试样时热板的散热量；Q_0 为无试样时热板的散热量。

表 3-8　单层 1#织物覆盖热板时的保温率

速度（m/s）	0	1.26	1.88	2.51	3.13	3.77
覆盖单层织物保温率（%）	12.7	24.1	27.1	28.2	28.7	30.5

由式（3-38）、式（3-40）得知，无织物试样覆盖热板时，热板功率的平方与运动速度呈线性关系，当覆盖单层织物在热板上时，验证这种线性关系是否同样存在，因此将覆盖单层织物热板功率做如上文所述的热板功率平方与运动速度间的线性回归曲线如图 3-30 所示，并且以运动速度为变量 X，以热板功率平方值为因变量 Y 进行线性回归，其回归拟合公式为：

$$Y = 4.41X + 3.62(R^2 = 0.99) \tag{3-42}$$

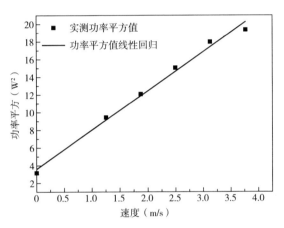

图 3-30　单层织物覆盖热板功率线性回归曲线

从式（3-42）和图 3-30 均可看出，覆盖单层织物热板功率平方值与运动速度呈线性相关，即：

$$P_z^2 = 4.41U_e + 3.62(R^2 = 0.99) \tag{3-43}$$

当运动速度值 U_e 为零时，P_z^2 的值为 3.62，对其取平方根，即可得到运动速度为零时热板功率值，这与式（3-37）相对应，表示此时热板表面的散热方式主要为热传导散热、辐射散热和自然对流。

对比有、无织物覆盖热板功耗系数和式（3-40）、式（3-43）得知，热板功率平方值与运动速度值呈线性相关关系，两者之间的差别主要为是否覆盖织物。由传热原理得知，当热板上有、无织物覆盖时，其热板与大气环境间的热阻分别为：

$$R_0 = \frac{I}{h_1} \tag{3-44}$$

$$R_1 = \frac{1}{h_1} + \frac{\delta_f}{K_f} = \frac{h_f}{1+Bi} \tag{3-45}$$

式中：R_1、R_0分别为热板上有、无织物覆盖时热板上的热阻；h_f、h_1分别为热板上有、无织物覆盖时织物、热板与周围环境的对流换热系数；δ_f、K_f分别为织物的厚度和整体导热系数；Bi为毕渥数，其值为$\dfrac{h_f\delta_f}{K_f}$。

对比式（3-44）和式（3-45）得知，当织物覆盖热板上时，其热阻大于无织物试样覆盖时的热阻。在电学中，功率与电阻成反比，根据相似原理，传热学中热板功率同样与热阻成反比关系，则无织物覆盖热板的功率应大于有织物覆盖热板的功率。将上述有、无织物覆盖热板功率平方与运动速度值的线性回归方程做功率平方—线速度曲线，结果如图3-31所示。

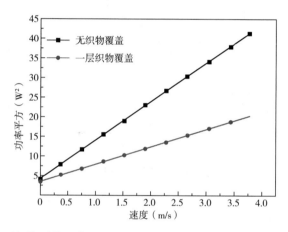

图3-31　无织物覆盖和单层1#织物覆盖热板不同运动速度时功率回归曲线

从表3-8可以看出，覆盖了单层织物热板的保温率随运动速度的增加而增加。为了更直观说明运动速度与覆盖织物保温率之间的关系，将表3-8中覆盖单层织物保温率作速度—保温率曲线。具体结果如图3-32所示。

提取表3-7中覆盖单层织物表面温度数据，将不同运动速度时的前一个织物表面温度值减去下一个表面温度值，可得到不同运动速度时织物表面温度的减少量，具体结果如图3-33所示，从图中可以看出当织物从运动速度为0增至1.26m/s时，织物表面温度降低量高达4.2℃，在此之后，织物表面温度随着运动速度的增加逐渐下降趋向稳定，即在低速度运动时，织物表面温度下降量很快，当运动速度高于一定值时，其温度下降量趋于一定值。

（三）织物运动角度对织物传热性能的影响

为了研究运动角度对织物表面温度、热板热量散失功率的影响，将无织

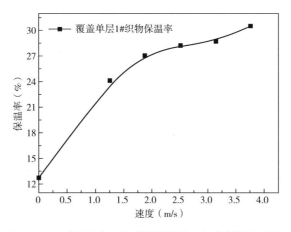

图 3-32　不同运动速度时覆盖单层 1#织物保温率曲线

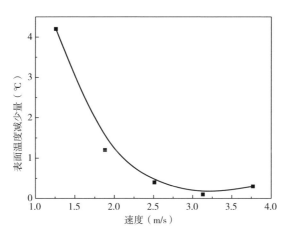

图 3-33　单层 1#织物覆盖热板时织物表面温度减少量曲线

物覆盖和覆盖了单层织物的测试平台按照图 3-26 四种方式放置,然后在不同运动角度下测试无织物覆盖和覆盖了单层织物热板的功耗系数变化,同时测试了覆盖单层织物表面温度变化。其中改变运动角度无试样覆盖热板的功耗系数变化如图 3-34 所示,覆盖了单层织物热板功耗系数和表面温度变化如图 3-35、图 3-36 所示。

　　为了进一步研究热板的功耗系数和织物表面温度变化,提取图 3-34~图 3-36 中不同运动角度、不同运动速度在各个阶段数据较为平稳处的热板功耗系数和表面温度数据,具体见表 3-9。

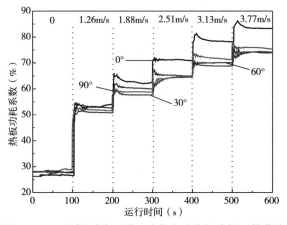

图 3-34 无织物覆盖不同运动角度时热板功耗系数曲线

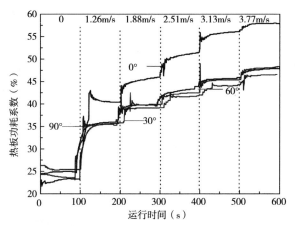

图 3-35 覆盖单层 1#织物不同运动角度时热板功耗系数曲线

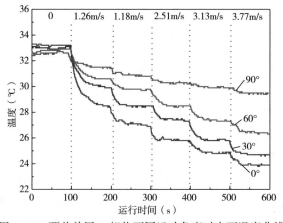

图 3-36 覆盖单层 1#织物不同运动角度时表面温度曲线

表 3-9　无织物覆盖和覆盖单层 1#织物热板功耗系数和表面温度

速度（m/s）	0	1.26	1.88	2.51	3.13	3.77
无织物覆盖 a 状态时功耗系数（%）	26.7	53.2	62.8	71.2	78.4	83.3
无织物覆盖 b 状态时功耗系数（%）	27.8	50.9	57.7	64.4	68.8	74.3
无织物覆盖 c 状态时功耗系数（%）	27.7	52.9	60.3	65.1	70.1	74.2
无织物覆盖 d 状态时功耗系数（%）	27.9	51.6	58.9	64.9	71.5	75.9
覆盖单层 1#织物 a 状态时功耗系数（%）	23.3	40.4	45.8	51.1	55.9	57.9
覆盖单层 1#织物 b 状态时功耗系数（%）	25.4	35.7	39.9	42.5	45.4	48.0
覆盖单层 1#织物 c 状态时功耗系数（%）	25.0	35.9	39.8	43.2	45.6	47.6
覆盖单层 1#织物 d 状态时功耗系数（%）	23.6	35.5	39.8	43.2	45.6	47.6
覆盖单层 1#织物 a 状态时表面温度（℃）	32.9	30.1	28.7	27.5	26.4	25.8
覆盖单层 1#织物 b 状态时表面温度（℃）	33.0	31.3	30.4	29.6	28.8	28.1
覆盖单层 1#织物 c 状态时表面温度（℃）	32.9	32.1	31.7	31.4	31.1	30.8
覆盖单层 1#织物 d 状态时表面温度（℃）	33.1	32.7	32.3	32.1	31.8	31.6

注　表中 a、b、c、d 状态指的是图 3-26 中所设状态。

　　将表 3-9 中的热板功耗系数采取上述方法转换成热板实际功率，并根据式（3-41）计算覆盖单层织物热板在不同模拟风向时的保温率。由式（3-34）得知，热板功率平方与运动速度呈线性关系，对上述有、无织物覆盖热板时的功率进行线性相关分析，具体如下图 3-37 所示。

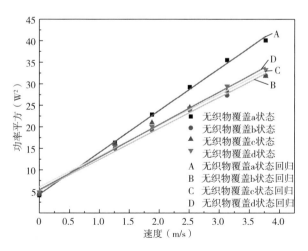

图 3-37　无织物覆盖不同运动角度运动时热板功率平方—速度回归曲线

（a、b、c、d 状态指的是图 3-26 中所设状态）

图 3-37 是无织物覆盖热板在不同运动角度时的功率值平方与不同运动速度关系图，同样以运动速度为变量 X 进行线性回归，其回归拟合公式为：

$$Y=9.73X+4.32(R^2=0.99,运动角度为0°时) \tag{3-46}$$

$$Y=7.20X+5.25(R^2=0.99,运动角度为30°时) \tag{3-47}$$

$$Y=7.18X+6.03(R^2=0.98,运动角度为60°时) \tag{3-48}$$

$$Y=7.57X+5.39(R^2=0.99,运动角度为90°时) \tag{3-49}$$

对比式（3-46）~式（3-49），可以看出无织物覆盖热板时其功率平方与运动速度均呈线性增加趋势，其增加量根据运动角度不同有不同的变化趋势。但就整体变化趋势而言，当运动角度为 0°时，增加趋势最大，这可能是由于运动角度为 0°时，此时散热方式主要为传热学中的流体外掠平板传热方式，相对散热效果比较好，而当运动角度为 30°、60°、90°时，此时热板的散热方式不仅包括上述的流体外掠平板传热方式，还包括射流传热方式，而此种传热方式的运动速度要求在 10m/s 以上散热效果才比较明显，因此当运动角度为 30°、60°、90°时热板功率要低于运动角度为 0°时的功率。

图 3-38 是将覆盖单层织物的热板在不同运动角度时的功率值平方与不同运动速度的关系图，以运动速度为变量 X，以热板功率平方值为因变量 Y 进行线性回归，其回归拟合公式为：

$$Y=4.41X+3.63(R^2=0.99,运动角度为0°时) \tag{3-50}$$

$$Y=2.53X+4.03(R^2=0.99,运动角度为30°时) \tag{3-51}$$

$$Y=2.54X+4.05(R^2=0.98,运动角度为60°时) \tag{3-52}$$

$$Y=2.41X+3.82(R^2=0.98,运动角度为90°时) \tag{3-53}$$

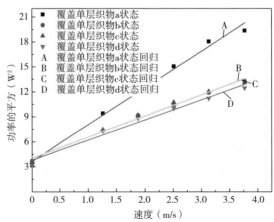

图 3-38　单层 1#织物不同运动角度运动时热板功率平方—回归曲线

（a、b、c、d 状态指的是图 3-26 中所设状态）

将覆盖单层织物以不同运动角度运动的热板作功率—运动速度曲线，结果如图 3-39 所示。

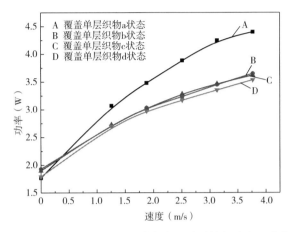

图 3-39　覆盖单层 1#织物以不同运动角度运动时热板功率—速度变化曲线

(a、b、c、d 状态指的是图 3-26 中所设状态)

从图 3-39 中可以看出，覆盖单层织物不同运动角度热板的热量散失功率趋势与无织物覆盖热板热量散失功率变化趋势基本相同，不同之处主要在于散失热功率的数值上有所差别，这主要由三方面的原因导致：

（1）织物内部存在大量静态空气，减少了热板与外界环境的热交换强度；

（2）由于织物表面凹凸不平，当测试平台以一定运动速度运转时，周围空气做相对运动，气流经过织物表面时，由于凸起的纱线阻挡了气流对凹下部分气流的流动，进而降低了强制对流强度，减少热板散热功率；

（3）从表 3-9 可以看出，织物表面温度高于环境温度，则织物内部的温度介于热板温度和织物表面温度之间，将织物内部空气看作理想气体，则在不同温度下服从理想气体状态方程，随着温度的增加，其内部空气压力增加，虽然很大一部分空气通过纤维间缝隙渗透出去，但其内部空气压力还是略大于外部环境压力，因此运动角度为 30°、60°、90°时，其角度变化对热板功耗的影响变化不大。测试平台以 90°运动时周围气流与织物间运动状态示意如图 3-40 所示。

图 3-41 是当测试平台以 0°运动时周围气流与织物间运动状态示意图，从图中可以看出，虽然织物内部空气压力略大于外部环境压力，但由于空气层

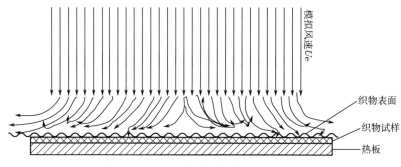

图 3-40　90°气流流过织物表面示意图

的黏滞阻力作用，会将织物内部的热空气抽拉出来，因此当运动角度为 0°时，热板散失的功率略大于其他风向散失功率。

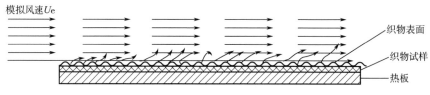

图 3-41　0°气流流过织物表面示意图

　　同样将覆盖单层织物保温率数据作保温率—运动速度曲线，结果如图 3-42 所示。从图中可以看出，随着运动速度的增加，织物的保温性能随之增加并趋于一稳定值，其中运动角度为 0°时的保温性能最低，而运动角度为 30°、60°时的保温性次之。

（四）覆盖层数对不同运动状态织物传热性能的影响

　　织物的保暖性随着其厚度、层数、面料内静态空气的增加而增加。传统测试织物厚度、层数对保暖性影响是在恒温恒湿环境下将织物静态放置热板上进行测试。但由于织物制成的服装在穿着时往往处于运动状态，传统测试方法与实际使用过程有较大差距，因此测试在运动状态下厚度、层数对保暖性的影响。

　　由于在实际试验测试中很难测试到同种纱线规格、同种织物结构不同厚度的织物，因此本节实验中采用改变织物层数变化来进行测试。将被测织物固定在运动状态的测试平台上，通过改变织物的层数和测试平台的运动速度来测试对其保温性的影响，这样不仅使本试验可以顺利进行，还可

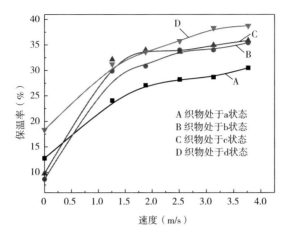

图 3-42　覆盖单层 1#织物不同运动角度时保温率曲线

模拟人体在实际生活中穿衣的环境，以及测试不同层数之间的织物表面温度。

　　在本试验中主要采用表 3-4 中的 1#织物为主要研究对象进行测试，讨论其层数对保温率的影响。本试验的测试仪器采用第三章中研制的织物热湿性能测试仪，并对一、二、三层机织纯毛面料（表 3-4 中 1#织物样品）进行测试，其中不同层数织物在不同运动速度时的热板功耗系数如图 3-43 所示，不同层数织物的织物表面温度变化如图 3-44~图 3-46 所示。

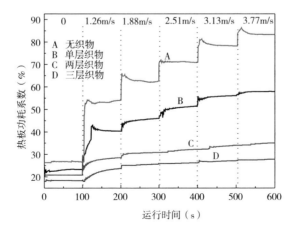

图 3-43　覆盖不同层数 1#织物热板功耗系数曲线

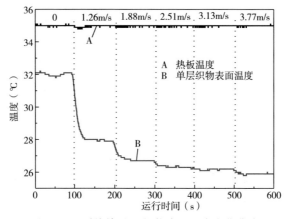

图 3-44　覆盖单层 1#织物表面温度变化曲线

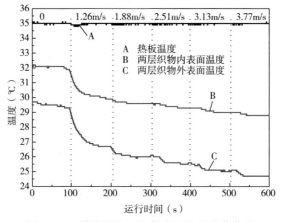

图 3-45　覆盖两层 1#织物表面温度变化曲线

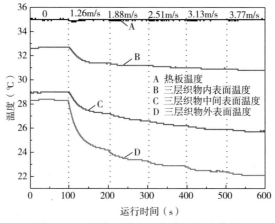

图 3-46　覆盖三层 1#织物表面温度曲线

同样，为了更加清晰地看出不同运动速度对不同层数织物保温率的影响，将图3-43~图3-46中在不同运动速度稳定测试状态下的热板功耗系数、织物表面温度数据提取出来，具体结果见表3-10。

表3-10　无织物和覆盖不同层1#织物的热板功耗系数和表面温度

速度（m/s）	0	1.26	1.88	2.51	3.13	3.77
无织物覆盖热板功耗系数（%）	26.7	53.2	62.8	71.2	78.4	83.3
覆盖单层1#织物热板功耗系数（%）	23.3	40.4	45.8	51.1	55.9	57.9
覆盖两层1#织物热板功耗系数（%）	20.8	28.5	30.8	32.2	34.1	35.0
覆盖三层1#织物热板功耗系数（%）	18.3	23.5	25.1	25.9	27.1	27.5
覆盖单层1#织物表面温度（℃）	32.1	28.0	26.7	26.3	26.2	25.9
覆盖两层1#织物内表面温度（℃）	32.1	30.1	29.6	29.3	29.0	28.8
覆盖两层1#织物外表面温度（℃）	29.5	26.7	26.0	25.6	25.1	24.7
覆盖三层1#织物内表面温度（℃）	32.7	31.4	31.2	31.1	30.9	30.8
覆盖三层1#织物中表面温度（℃）	29.0	27.3	26.7	26.2	25.9	25.7
覆盖三层1#织物外表面温度（℃）	28.3	24.3	23.4	22.9	22.5	22.1

将表3-10中的热板功耗系数采用式（3-30）和式（3-41）进行功率转换和保温率计算处理，所得数据作功率—线速度曲线，其结果如图3-47所示。

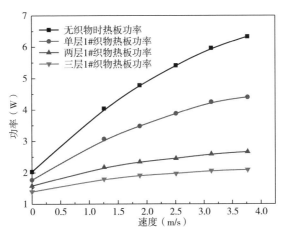

图3-47　覆盖多层1#织物不同运动速度时功率曲线

从图3-47可以看出，覆盖不同层数织物热板热量散失功率均随着运动速度的增加而缓慢增加。同时，热板散失的功率随织物层数的增加而呈非线性降低趋势。这可能是由于随着织物层数的增加，热板与外界环境热交换热阻增加，而热板散失功率与热阻呈反比，则覆盖织物热板的散失功率随之减少。由于热板散失功率平方与运动速度值呈线性关系，对热板散失功率平方与运动速度作线性回归曲线，则不同层数热板散失功率的回归方程为：

$$P_{z1}^2 = 4.42U_e + 3.61(R^2 = 0.98, 单层织物) \qquad (3-54)$$

$$P_{z2}^2 = 1.20U_e + 2.89(R^2 = 0.96, 两层织物) \qquad (3-55)$$

$$P_{z3}^2 = 0.64U_e + 2.21(R^2 = 0.93, 三层织物) \qquad (3-56)$$

从式（3-54）~式（3-56）可以看出，随着织物层数的增加，热板散失功率平方的增加量呈非线性增加，将式（3-54）~式（3-56）中的增加量以层数为变量 X 进行回归分析（即上式中的斜率值），则增加量回归方程为：

$$P_{zX}^2 = 10.35 \cdot e^{\frac{-X}{1.29}} - 0.58(R^2 = 0.98) \qquad (3-57)$$

即热板热量散失功率平方随织物层数增加呈指数增加趋势。

当运动速度 U_e 为零时，此时上式（3-54）~式（3-56）的截距值表示织物覆盖热板处于静止状态时热板热量散失功率量，同样对以织物层数为变量 X，以热板功率平方值为因变量 P_{zX}^2 进行回归分析，则其回归方程为：

$$P_{zX}^2 = 4.32 - 0.71X(R^2 = 0.99) \qquad (3-58)$$

从式（3-58）可以看出，在运动速度 U_e 为零时，即织物处于静止状态时，随着织物层数的增加，热板功率平方值呈线性减少趋势。

将1#样品不同层数织物的保温率作保温率—速度曲线图，结果如图3-48所示。

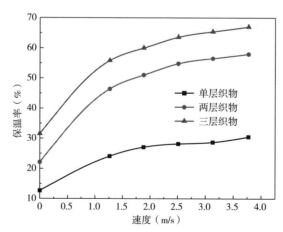

图3-48　覆盖多层1#织物不同运动速度时的保温率曲线

从图 3-48 可以看出，热板表面织物厚度一定时，随着运动速度的增加，织物的保温率呈非线性升高趋势。在同一速度下，覆盖热板织物的层数由一层增加到三层，保温率随织物层数的增加而提高。由于保温率是通过热板的功耗系数间接计算得到，因此保温率随织物层数增加的主要原因是织物整体厚度的增加，进而导致覆盖热板上织物整体热阻的增加。因此，热板散热量与覆盖其上的热阻呈反比。由式（3-41）可知，热量散失减少，织物覆盖热板保温率增加。

图 3-49 显示了不同层数织物随运动速度的增加，其表面温度减少量的变化趋势。从图中可以看出，在运动速度从 0 增加到 1.26m/s 时，无论是单层、两层还是三层织物表面的温度值减少量高达 2 ~ 4℃，但当运动速度超过 1.88m/s 后，织物层数对表面温度的影响减弱。这主要是由于引起织物表面温度传感器变化的能量来源是热板的散热量，从图 3-47 可以看出，当运动速度超过 1.88m/s 后，热板的散热功率增加量随运动速度增加趋近一定值，通过织物散失到外界环境中的功率增加量也趋近一定值，而温度传感器测试的是织物表面温度，因此，在其他条件不变的情况下，其表面温度量的减少量也趋近一定值。

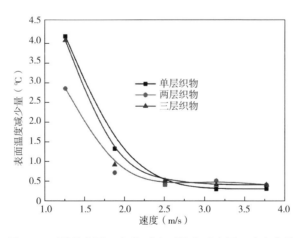

图 3-49　覆盖多层 1#织物时表面温度减少量—速度曲线

（五）组织结构对不同运动状态织物传热性能的影响

织物的组织结构对其传热性能有较大影响，在不改变测试平台及织物运动速度条件下，改变织物的组织结构（选自表 3-4 中 1#机织纯毛、4#针织纯毛样品），测试了热板功耗系数、织物表面温度，测试结果分别如图 3-50、图 3-51 所示。

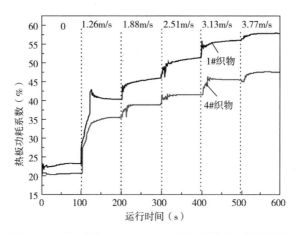

图 3-50　覆盖单层 1#和 4#织物热板功耗系数变化曲线

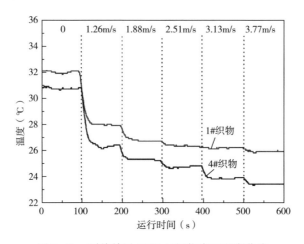

图 3-51　覆盖单层 1#和 4#织物表面温度曲线

　　从图 3-50 可以看出，在运动速度为 0 时，即热板处于静止状态时，机织面料覆盖热板时的功耗系数略大于针织面料覆盖热板时的功耗系数，随着运动速度逐渐增大，这两种面料覆盖热板的功耗系数差值逐渐增大。在图 3-51 中，同样热板处于静止状态时，机织面料表面温度略高于针织面料表面温度，随着运动速度从 0 逐渐增大，两者之间的差值同样逐渐变大。将图 3-50 和图 3-51 在稳定状态时的热板功耗系数及织物表面温度数据提取出来，结果见表 3-11。

表 3-11　无织物覆盖和覆盖不同组织结构面料的热板功耗系数和表面温度

速度(m/s)	0	1.26	1.88	2.51	3.13	3.77
无织物覆盖热板功耗系数(%)	26.7	53.2	62.8	71.2	78.4	83.3
覆盖单层1#织物热板功耗系数(%)	23.3	40.4	45.8	51.1	55.9	57.9
覆盖单层4#织物热板功耗系数(%)	20.6	35.5	38.9	41.6	45.6	47.9
覆盖单层1#织物表面温度(℃)	32.1	28.0	26.7	26.3	26.2	25.9
覆盖单层4#织物表面温度(℃)	30.7	26.2	25.3	24.8	23.8	23.4

将表 3-11 中热板功耗系数采用式（3-30）和式（3-41）进行计算处理，然后根据计算数据作功率—速度曲线，结果如图 3-52 所示。

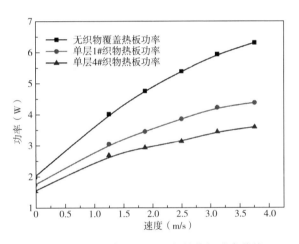

图 3-52　覆盖单层 1#和 4#织物热板功率曲线

从图 3-52 可以看出，在织物运动速度为 0 时，机织、针织纯毛织物覆盖热板时的功率分别为 1.77W、1.57W。从表 3-4 可以得知，这两种织物的厚度分别为 0.3mm、0.35mm，即针织面料厚度略大于机织面料。由于两种面料的克重相差不大，根据孔隙率公式定义，针织面料的孔隙率大于机织面料，由多孔材料传热理论可知，材料中随着孔隙率的增大，其内部空气填充孔隙的体积增多，则整体导热系数降低。由于织物是一种典型多孔材料，在相同传热条件下，孔隙率高的织物热阻大，阻止热板能量散失的能力越高。因此，针织织物热阻较大，针织织物覆盖时热板的散热功率小于机织织物。将保温率作保温率—线速度曲线，结果如图 3-53 所示。

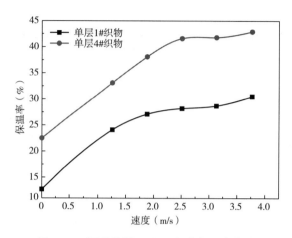

图 3-53 覆盖单层 1#和 4#织物保温率曲线

从图 3-53 中可以看出，当运动速度为 0 时，针织物的保温率大于机织物。当运动速度不为 0 时，由于测试平台及织物处于运动状态，周围空气引起强对流散热，则覆盖机织、针织织物的热板功率随着运动速度的增加而增大。机织织物散失热量值在整个散热过程中均大于针织织物，这可能有以下两方面的原因。

（1）针织面料孔隙率较机织织物大，其内静态空气量较机织织物多，从表 3-5 可以看出，针织织物的透气量较机织织物大，但这是在织物两边通透的情况下进行的，而本试验在进行测试时，织物底面是空气不能透过的热板，周围环境处于相对运动的空气流不能完全穿过织物。

（2）由于织物被热板加热，其内部空气温度与织物温度相同，根据理想气体状态方程可知，此部分空气层压力略大于外部环境空气压力，在压力差的驱动下，内部热空气逐渐向外扩散，扩散速度随外部运动速度的增加而增大。机织物由于其结构特性，使这种扩散过程更为显著，从而导致更大的热量散失。

（六）纤维材料对不同运动状态织物传热性能的影响

不同纺织材料的导热系数不同，织造成的织物导热系数及保温性能理论上也是不同的。采用本章研制的织物热湿性能测试仪对相同组织结构不同纤维材料制成的织物进行测试，研究处于运动中的织物在不同运动强度时对热板热量功率散失及织物表面温度变化的影响，并阐述造成这种影响的原因。图 3-54 是纯毛、纯棉、纯涤三种不同纤维组成材料的机织面料（选自表 3-4

中1#纯毛织物、2#纯棉织物、3#纯涤织物样品），分别绘制在运动速度为0、1.26m/s、1.88m/s、2.51m/s、3.13m/s、3.77m/s时热板热量散失的功耗系数曲线。

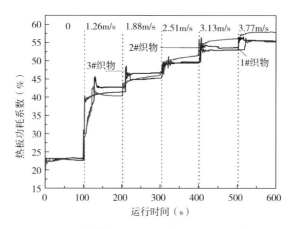

图3-54　覆盖单层1#~3#织物热板功耗系数曲线

从图3-54可以看出，这三种材料组成的织物在不同的运动速度时，其热板热量散失功耗系数基本相同。覆盖机织纯毛面料的热板散失功率平方与运动速度呈线性相关，图3-54结果显示覆盖机织纯涤、机织纯棉和机织纯毛面料热板功耗系数曲线基本相同，根据相似理论，可以认为机织纯涤和纯棉面料覆盖热板时，其热量散失功率平方与测试平台运动速度也呈线性关系。

图3-55是上述三种机织面料在不同运动速度时织物表面温度变化曲线，从图中可以看出，这三种面料的表面温度变化趋势基本相同，其不同之处仅在数值上有较细微的差别。将图3-54、图3-55在稳定状态时的热板功耗系数及织物表面温度数据提取出来，结果见表3-12。

表3-12　覆盖单层1#~3#织物热板功耗系数和表面温度

速度（m/s）	0	1.26	1.88	2.51	3.13	3.77
覆盖单层1#织物热板功耗系（%）	23.3	40.4	45.8	51.1	55.9	57.9
覆盖单层2#织物热板功耗系数（%）	22.1	41.4	45.2	49.7	53.0	55.6
覆盖单层3#织物热板功耗系数（%）	22.7	42.8	46.7	49.4	53.6	55.3
覆盖单层1#织物表面温度（℃）	32.1	28.3	26.7	27.0	26.8	26.5
覆盖单层2#织物表面温度（℃）	32.4	27.9	26.2	26.7	25.2	25.9
覆盖单层3#表面温度（℃）	32.5	28.4	27.3	26.3	26.2	25.9

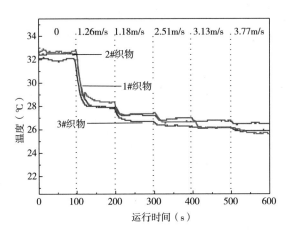

图 3-55 覆盖单层 1#~3#织物表面温度曲线

从表 3-12 和图 3-55 可以看出，织物表面温度随运动速度的增加呈阶梯式下降，并且这种下降量随着运动速度的增加趋向一定值。将表 3-12 中不同纤维组成材料的面料覆盖热板时的功耗系数采用式（3-30）和式（3-41）进行功率和保温率计算处理，将计算结果数据作功率—速度曲线，结果如图 3-56 所示。

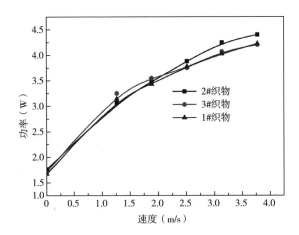

图 3-56 覆盖单层 1#~3#织物以不同速度运动时热板功率变化曲线

从图 3-56 可以看出，不同纤维材料组成的织物覆盖热板时的热量散失功率变化在不同运动速度时基本相同，这主要是由于棉纤维、毛纤维、涤纶三种纤维在标准环境时的导热系数分别为 0.071 ~ 0.073、0.052 ~ 0.055、

0.084W/（m·K）（其中毛、棉纤维由于回潮因素，其导热系数在一定范围内变化）。由上述这三种纤维织造成的织物是一种多孔材料，在此多孔材料中，其整体导热系数是空气与多孔材料导热系数的平均值，即织物的平均导热系数是组成纤维与空气导热系数的平均值。上述这三种织物的孔隙率高达70%以上，其内部孔隙被大量的空气所占据，在厚度相同的条件下，其整体导热系数基本相同，则覆盖不同纤维材料组成的织物热板散热量基本相同，这与本试验在运动速度为零时测得的结果基本吻合。

图3-57是不同组成纤维材料的机织物在处于不同运动速度时热板保温率的变化曲线。从图中可以看出，这三种纤维组成的织物以不同运动速度运动时，其保温率之间相差不大，因此，相对于织物内静态空气而言，织物的组成材料对其保温性能影响不大。

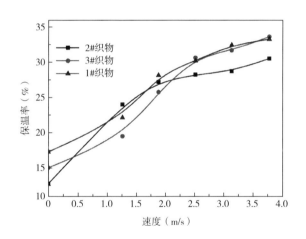

图3-57　覆盖单层1#~3#织物以不同速度运动时保温率变化曲线

（七）结构参数对不同运动状态织物传热性能的影响

织物组织的结构参数不同，其纱线间的孔隙大小及孔隙数量也不相同，这对织物的保温性能有一定的影响，为了研究组织结构参数对织物保温性能的影响，本节采用经纬纱支数相同，经纬密度不同的纯棉织物进行测试分析。具体样品参数如表3-4中7#~13#织物样品所示。

首先对表3-4中的7#~13#样品按照式（3-18）~式（3-20）计算织物总紧度，具体结果见表3-13。

表 3-13　7#~13#机织面料总紧度

编号	组织结构	织物总紧度(%)
7#	机织平纹	15.8
8#	机织平纹	34.6
9#	机织平纹	37.5
10#	机织平纹	38.0
11#	机织平纹	40.2
12#	机织平纹	41.3
13#	机织平纹	66.2

　　以表 3-13 中织物总紧度为自变量，表 3-5 中织物保温率、透气性为因变量进行曲线数据分析，结果如图 3-58 所示。

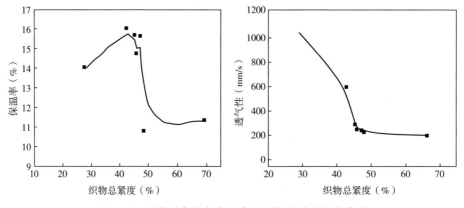

图 3-58　织物总紧度与保温率和透气性关系变化曲线

　　从图 3-58 织物紧度与保温率曲线可以看出，织物保温率随紧度的增加呈 Z 字形变化趋势。结合表 3-4 中的织物密度以及经纬纱支数可以看出，当织物中纱支相同、经纬密度适中时，织物的保温率随紧度的增加呈下降趋势。这可能是因为当织物紧度较小时，纱线中纤维间比较松散，并且纱线与纱线间的孔隙比较大，因此织物含有的静态空气较多，则相同材料在厚度相差不大的情况下，其保温性能较好，当织物紧度较大时，由于织造时打纬力度较大，纱线中纤维间孔隙变小，同时纱线与纱线间孔隙变小，导致织物中静态空气较少，进而影响其保温性能。从图 3-58 中可以看出，织物透气性随紧度的增加呈非线性下降趋势，结果与吴海军、刘倩等人研究的织物紧度与透气性关系相同。

为了研究紧度对处于不同运动速度状态下织物保温性能的影响，利用动态热湿性能测试仪对表 3-4 中 7#~13#样品进行不同运动速度的测试，并提取在各个运动速度时热板功率系数稳定值，采用式（3-30）进行热板功率系数转换，具体结果见表 3-14。

表 3-14 7#~13#机织面料覆盖热板功率

速度（m/s）	0	1.26	1.88	2.51	3.13	3.77
无织物覆盖热板功率（W）	2.14	3.10	3.53	3.95	4.22	4.50
7#织物覆盖热板功率（W）	1.91	2.64	2.94	3.16	3.33	3.45
8#织物覆盖热板功率（W）	1.87	2.52	2.83	3.00	3.13	3.26
9#织物覆盖热板功率（W）	1.91	2.61	2.91	3.11	3.23	3.37
10#织物覆盖热板功率（W）	1.92	2.66	2.98	3.24	3.27	3.39
11#织物覆盖热板功率（W）	1.93	2.69	3.05	3.32	3.43	3.59
12#织物覆盖热板功率（W）	1.96	2.64	2.97	3.29	3.48	3.63
13#织物覆盖热板功率（W）	1.90	2.53	2.81	2.97	3.11	3.26

从表 3-14 可以看出，随织物运动速度的增加，其覆盖热板的散热功率均逐渐增加。其中覆盖 8#~12#样品热板的散热功率随织物紧度增加呈非线性增加趋势，对于紧度较小的 7 号织物和紧度较大的 13#织物，可能由于存在织物孔隙率，其覆盖热板的散热功率不遵从 8#~12#样品热板散热规律。为了进一步研究织物紧度与热板功率之间的关系，将表 3-14 采用式（3-41）进行保温率计算处理，结果如图 3-59 所示。

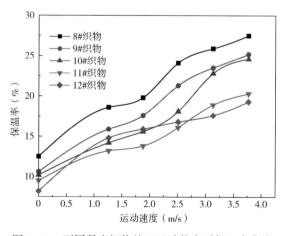

图 3-59 不同紧度织物处于运动状态时保温率曲线

从图 3-59 可以看出，不同紧度织物在运动过程中保温率随运动速度的增加呈非线性增加趋势，这与上述结论相同；织物保温率随着织物紧度的增加呈降低趋势，这与织物在传统平板式保温性能测试仪上的测试结果相同，具体原因可能是由于随着织物紧度的增加，织物中纤维间、纱线间的孔隙减少，即所含静态空气量减少，因此织物保温率会有所降低。

第三节 不同运动状态织物表面温湿度变化研究

一、试验过程

采用表 3-4 中的 1#、2#织物为典型代表样品，对其处于不同运动速度时织物放湿过程中表面温度、湿度变化进行测试。

在试验过程中，将被测织物在室温下于纯净水中浸泡 10min，使织物完全处于浸润状态，由于 1#样品中羊毛纤维表面有一层拒水层，阻止了纯净水快速深入纤维内部，因此羊毛织物在纯净水中的浸泡需要更长时间，大约 30min 才能使其处于完全浸润状态。然后通过离心的办法去除表面水分，以被测织物在悬垂状态下没有水滴滴下为准。接着将被测织物放置在大气环境下使其缓慢放湿，达到设定的回潮率后开始测量。被测织物的回潮率按照如下公式进行测量：

$$M = \frac{G_1 - G_0}{G_0} \times 100\% \qquad (3-59)$$

式中：M 为被测织物的回潮率；G_1 为被测织物的湿重；G_0 为被测织物的干重。

测试时首先设定电机转速恒定，此时不夹持被测织物，目的是测试此运动速度时传感器所处大气环境湿度和温度，为测试结束起到一个标线的作用，此过程大约需要 0~40s。然后将一定回潮率的织物夹持在织物固定架上，在一定转速下进行测量，当织物表面湿度降低至大气环境湿度时，停止测试，测试结束，通过计算机获取数据进而研究处于运动状态织物表面温湿度的变化规律。

二、动态放湿过程中织物表面温度的变化

（一）不同回潮率时织物表面温度的变化

图 3-60 为不同回潮率下 2#棉织物在动态放湿过程中的表面温度的变化，

试验中织物运动速度设定为 1.56m/s。从图 3-60 可以看出不同回潮率下的所有曲线均呈现出如图 3-61 所示的下凹型的变化规律。表面温度在起始阶段（T_0-A 阶段）保持稳定，然后突然下降至 T_{min}（A-B 阶段）并且维持此温度不变（B-C 阶段），最后缓慢上升到原始状态（C-D 阶段）。

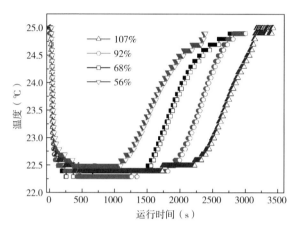

图 3-60　不同回潮率下 2#棉织物表面温度变化曲线

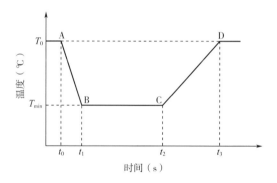

图 3-61　动态放湿过程中织物表面温度变化规律图

织物表面温度的变化规律是由于湿态织物在环境中的放湿平衡而造成的。在测试开始大约 20s 的第一阶段（T_0-A 阶段），织物样品尚未放置于测试平台之上，此时织物保持恒定的温度为周围环境的温度。当样品放上测试平台之后，样品的饱和水汽和周围环境不饱和水汽之间存在巨大的密度梯度差，样品上的水汽将会迅速向周围环境逸散。织物对环境做出响应并且经历了大约 400s 的放湿过程（A-B 阶段），在此过程中样品的湿度迅速向环境中扩散。

湿气运动和蒸发将会耗费大量的热能，因此在 A-B 阶段织物表面温度迅速下降 2.6℃左右。当织物表面温度稳定之后，大量湿气逸散于织物表面，这些湿气的挥发需要非常长的时间，如图 3-63 中 B-C 阶段所示。此后，剩余的湿气进一步从织物表面蒸发，织物逐渐干燥，织物表面温度逐渐和环境温度达到平衡（如图 3-63 中 C-D 阶段所示）。此阶段的结束意味着织物放湿完成，织物和环境之间达到平衡状态。

由以上分析可知，湿度在织物表面温度变化过程中起到了决定性的作用，因此织物的回潮率对其表面温度变化有着直接的影响。表 3-15 显示了 2#棉织物在不同回潮率下表面温度的变化值及其所用的时间。可以非常明显地看出，高回潮率的织物需要更长时间完成放湿过程，如表 3-15 中 Δt_{30} 所示。织物A-B 阶段和 C-D 阶段所用的时间 Δt_{10} 及 Δt_{32} 并未随着回潮率的改变而改变，说明织物放湿过程中的响应阶段和干燥阶段只与织物本身有关。从图 3-60 中可以看出回潮率的变化直接影响了 B-C 阶段的长短（Δt_{21}），此阶段对应着湿气挥发过程。由于织物的面积和环境的温湿度及织物的运动速度一定，织物放湿的速度在此过程中将保持恒定。因此高回潮率的织物必然需要更长的时间来完成湿气挥发过程。由此可以得出运动服装如果吸收的汗液越多，该服装将会需要更长时间放湿并且服装会处于不舒适的低表面温度时间更长，给人体带来冷的刺激而产生不舒适的感觉。

表 3-15　不同回潮率下织物（2#）表面温度变化及其所用时间

回潮率(%)	T_0(℃)	T_{min}(℃)	ΔT(℃)	Δt_{30}(s)	Δt_{10}(s)	Δt_{21}(s)	Δt_{32}(s)
56	25.0	22.5	2.5	2364	409	661	1294
68	25.0	22.4	2.6	2768	419	1097	1252
92	25.0	22.4	2.6	3006	421	1401	1184
107	25.0	22.3	2.7	3410	427	1791	1192

（二）不同运动速度时织物表面温度的变化

图 3-62 为 2#棉织物表面温度在不同运动速度下的变化规律。其对应的表面温度变化值及其所需时间依据图 3-61 规律划分结果见表 3-16。从表 3-16 可以明显看出，运动速度增加极大缩短了放湿所用时间 Δt_{30} B-C 湿气挥发阶段所用时间 Δt_{21} 及 C-D 干燥阶段所用时间 Δt_{32}，这是由于运动速度加快之后湿气挥发/蒸发速率加快。与此同时，由于运动速度加快，织物表面水分运动

和逸散所消耗的热能增加，导致织物表面温度下降更多，如图 3-62 及表 3-16 中 $T_{\min}$、ΔT 所示。

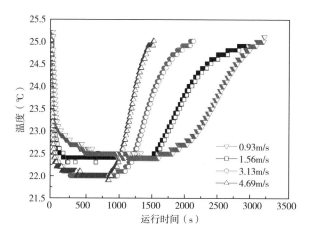

图 3-62 不同运动速度下 2#棉织物表面温度变化曲线

表 3-16 不同运动速度下织物表面温度变化及其所用时间

速度（m/s）	T_0（℃）	$T_{\min}$（℃）	ΔT（℃）	Δt_{30}（s）	Δt_{10}（s）	Δt_{21}（s）	Δt_{32}（s）
0.93	25.1	22.5	2.6	3132.5	523.8	1051.1	1557.6
1.56	25.0	22.4	2.6	2899.3	194.3	1321.3	1383.7
3.13	24.9	22.1	2.8	2078.7	292.5	692.4	1093.8
4.69	25.0	22.1	2.9	1489.6	280.2	592.6	616.8

（三）不同纤维原料时织物表面温度的变化

图 3-63 为 2#棉织物和 1#毛织物在相同运动速度时表面温度的变化规律。

由于羊毛的回潮率（15%）高于棉的回潮率（8.5%），因而测试中棉织物和毛织物初始回潮率设为不同值以保证初始状态下棉织物和毛织物吸收的水分百分比相同。毛纤维吸湿性更好，吸收的水分与纤维极性分子之间结合力更强，因而湿度的转移和蒸发所需要的时间会更长一些。因此，毛织物的响应时间 Δt_{10}、放湿时间 Δt_{30} 和湿度挥发时间 Δt_{21} 更长，如图 3-63 所示。毛纤维吸湿所耗费的能量为 113J/g，远远高于棉纤维的 46J/g。因此毛织物放湿过程必然消耗更多的热能，放湿过程中毛织物表面的温度将会稍低于棉织物，如图 3-63 中 B-C 阶段所示。

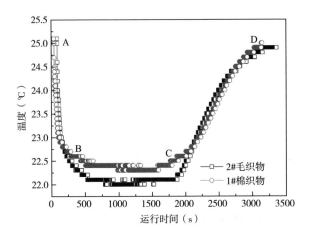

图3-63　不同纤维原料的织物表面温度的变化

（回潮率：2#棉织物68%，1#毛织物75%；运动速度：1.56m/s）

三、动态放湿过程中织物表面相对湿度的变化

（一）不同回潮率时织物表面相对湿度的变化

图3-64为不同回潮率下2#棉织物在动态放湿过程中的表面相对湿度的变化，试验中织物运动速度设定为3.87m/s。不同于表面温度变化规律曲线，所有的相对湿度变化曲线呈现出如图3-65所示上凸形状变化规律。织物表面相对湿度在开始阶段保持恒定不变（H_0-A阶段），然后快速上升（A-B阶段）

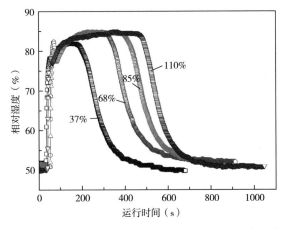

图3-64　不同回潮率时2#棉织物表面相对湿度的变化曲线

达到相对稳定（B-C 阶段）的阶段，紧接着相对湿度快速下降（C-D 阶段）并最终回到起始阶段的相对湿度而与周围环境达到平衡。

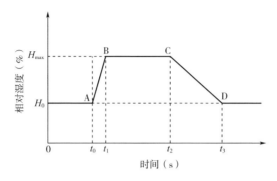

图 3-65　动态放湿过程中织物表面相对湿度变化规律图

由图 3-64 可以看出，从测试开始到大约 50s 的时间内（H_0-A 阶段）相对湿度维持在 50% 的水平不变，此阶段由于样品尚未放置到测试平台，因此显示的是周围环境里稳定的相对湿度。当不同回潮率的织物放到测试平台之后，织物立即处于放湿状态约 100s，因此织物表面相对湿度迅速上升至 85% 左右，如图 3-65 中 A-B 阶段所示。表面相对湿度随后维持不变一段时间（100~500s），对应着织物表面微环境中湿度的挥发逸散阶段（B-C 阶段）。此阶段的结束意味着环境中的湿度挥发基本完成。随后，相对湿度迅速下降并缓缓回落至初始状态（C-D 阶段），这是因为织物表面和纤维间的水分和湿度进一步蒸发逸散，导致织物表面相对湿度下降而与环境平衡，此过程对应着织物的干燥过程。随后，纤维内吸收的水分和周围微环境的湿度也会缓慢蒸发、挥发出来，因而相对湿度的下降速率变小。至此，织物放湿完成并和环境达到热湿平衡。

综合考虑图 3-64 所示织物在动态放湿过程中的表面相对湿度变化规律及对照图 3-65 所示的规律，可以发现环境相对湿度 H_0、微环境的最大相对湿度 H_{max}、表面相对湿度变化 ΔH 以及表面相对湿度变化所需时间 Δt_{32} 并未随着回潮率的增加而发生变化。然而，放湿平衡所需的时间 Δt_{30} 及在 B-C 阶段湿度挥发所需时间 Δt_{21} 随着回潮率的增加而显著增加，如图 3-64 所示。根据菲克（Fick）第一定律，蒸发速率与空气对流速度及饱和蒸汽压差成正比。在本试验中样品运动速度一致，因此可以认为空气对流速度一致。此外，织物表面相对湿度的变化 ΔH 基本相同，因此可以认为所有样品的湿度蒸发速率一致，织物放湿平衡所需的时间 Δt_{30} 及在 B–C 阶段湿度挥发所需时间 Δt_{21} 只与织物内部所含水分与湿度相关，所以放湿平衡时间和湿度挥发时间随着回潮率的增加而显著增加。

（二）不同运动速度时织物表面相对湿度的变化

图 3–66 为 2#纯棉机织物在不同运动速度下表面相对湿度的变化，试验中所有样品的回潮率均为 85%。很明显可以看出随着织物运动速度的增加，织物放湿平衡所需的时间 Δt_{30}、在 B–C 阶段湿度挥发所需时间 Δt_{21} 及织物干燥所需的时间 Δt_{32} 明显减小。由前文可知，织物运动速度的增加意味着织物所处环境的空气对流速度加快，因此水分/湿气蒸发速率必然随着运动速度的增加而增加。蒸发速率加大则导致织物放湿平衡时间、湿气挥发时间及干燥时间减小。

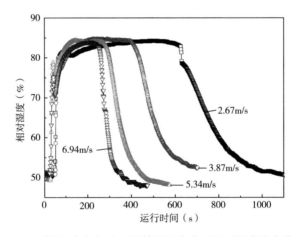

图 3–66　不同运动速度下 2#纯棉机织物表面相对湿度的变化曲线

（三）不同纤维原料时织物表面相对湿度的变化

典型的 2#棉织物和 1#毛织物在相同的实验条件下（回潮率为 85%，运动速度为 3.87m/s）呈现出不同的表面相对湿度，如图 3–67 所示。从图中可以看出毛织物放湿平衡所需的时间 Δt_{30}、在 B–C 阶段湿度挥发所需时间 Δt_{21} 及织物干燥所需的时间 Δt_{32} 均长于棉织物。

由上述讨论可知，毛织物具有更强的吸水性，其回潮率 15% 远大于棉织物的 8.5%。从表 3–14 可知毛织物的克重远大于棉织物。因此当毛织物和棉织物的回潮率同时上升至 85% 的时候，毛织物所吸收的水分远多于棉织物。

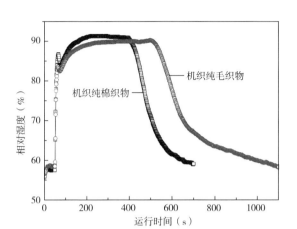

图 3-67 不同纤维原料的织物表面相对湿度的变化曲线

毛织物必然需要更长的时间来完成湿气/水分挥发，因此其 B-C 阶段更长，如图 3-67 所示。此外，毛织物 C-D 阶段的下降速率稍低于棉织物，说明毛织物干燥过程更慢一些，这可能是由于毛织物吸湿性更强、纤维与水分之间的结合力更强。

第四节 不同运动状态织物传湿过程研究

一、传湿扩散理论

只要在同一物体或者不同物体之间存在温差，就会发生热传递现象。同样，只要一个混合物中不同部分之间存在某种化学物质的浓度差，则一定会发生传湿现象。由此可知，传湿的本质是混合物中各组分的浓度差而引起的质量传递。

（一）液态水与大气环境间的扩散传湿理论

大气环境中或多或少都含有一些水蒸气，则代表湿空气中的绝对湿度为水蒸气的密度，即为单位体积湿空气中所含水蒸气的质量，如式（3-60）所示：

$$\rho_v = \frac{m_v}{V} \tag{3-60}$$

式中：ρ_v 为湿空气所含水蒸气密度（kg/m³）；m_v 为水蒸气的质量（kg）；V 为

湿空气占有的体积（m³）。

将湿空气中的水蒸气视为理想气体，其满足理想气体状态方程，则水蒸气的分压 P_v：

$$P_v = \frac{\rho_v R T}{M_v} \qquad (3-61)$$

式中：T 为湿空气所处环境温度（K）；M_v 为水蒸气的摩尔质量 18.02×10^{-3} kg/mol；R 为气体摩尔常数 8.315 J/(mol·K)。

水蒸气密度和水蒸气分压不能完全描述空气的潮湿程度和吸湿能力，因此在工程热力学上引入了相对湿度的概念。相对湿度可用式（3-62）表示：

$$\varphi_p = \frac{P_v}{P_{sv}} \quad 或 \quad \varphi_\rho = \frac{\rho_v}{\rho_{sv}} \qquad (3-62)$$

式中：P_{sv} 为饱和空气中水蒸气的分压（Pa）；ρ_{sv} 为相同温度、相同总压力下饱和空气中水蒸气密度（kg/m³）。

在很多实际工程中，常用含湿量来表示空气中水蒸气的质量变化，因此含湿量 ω_m 的定义为单位所含水蒸气质量与干空气质量之比，表示为：

$$\omega_m = \frac{m_v}{m_a} \qquad (3-63)$$

式中：m_a 为干空气的质量（kg）。

将式（3-60）、式（3-61）代入式（3-63），则含湿量为：

$$\omega_m = \frac{p_v}{P - P_v} \cdot \frac{M_v}{M_a} \qquad (3-64)$$

$$\omega_m = \frac{0.622 P_v}{P - P_v} \qquad (3-65)$$

式中：M_a 为干空气的摩尔质量 28.97×10^{-3} kg/mol。

液态水表面与空气相接触时，由于水分蒸发，其表面是气液共存状态，由于它们具有相同的温度，因此水蒸气处于该温度下的饱和状态，即液态水表面水蒸气密度 $\rho_{v,s}$ 与同水温对应下的饱和水蒸气密度 ρ_{sv} 相等，其中液态水表面蒸发及其上表面水蒸气分布如图 3-68 所示。如果液态水表面的湿空气处于静止状态，则此时水蒸气是以扩散形式进行运输。由物理化学中的扩散理论得知，大气环境中的空气是水蒸气与干空气的混合气体，各混合气体间的相互扩散符合 Fick 定律，在忽略宏观质量运动的条件下，水蒸气对干空气的

质量流扩散密度 q_m 与水蒸气密度 ρ_v 的梯度成正比，则液态水上表面处水蒸气密度扩散可用式（3-66）表示：

$$z=0\cdots q_m=D_{va}\frac{\partial\rho_v}{\partial z}\tag{3-66}$$

式中：z 为水蒸气密度 ρ_v 在垂直方向上的变化；ρ_v 为液体水上表面边界层的水蒸气密度（kg/m^3）；D_{va} 为水蒸气在空气中的质量扩散率（m^2/s）；q_m 为水蒸气质量流扩散密度 $[kg/(m^2\cdot s)]$，表示液体水上表面单位时间、单位面积内扩散到空气中的水蒸气密度。

图 3-68　液态水表面气液平衡示意图

由式（3-66）和式（3-63）可以看出，液态水表面的传湿过程与固体表面的传热过程十分相似，则流体力学中的边界层理论同样也适用于液态水表面的水蒸气的质量传递。同时根据表面传湿与传热过程的相似性，液态水表面的水蒸气质量交换率与空气对流质交换系数之间的关系可以表示为：

$$\dot{m}=h_m(\rho_{v,s}-\rho_{v,e})\tag{3-67}$$

式中：$\dot{m}$ 为液体水表面水蒸气质量交换率，即表面蒸发速率 $[kg/(m^2\cdot s)]$；$\rho_{v,s}$ 和 $\rho_{v,e}$ 分别为液体水表面与大气环境中的水蒸气密度（kg/m^3）；h_m 为液态水表面传湿系数或者称对流质交换系数。

从式（3-67）可以看出，要计算液态水表面的蒸发速率 $\dot{m}$，只需求得液体水表面的传湿系数即对流质交换系数 h_m 即可。由传湿原理得知，通过无量纲舍伍德数 Sh 即可计算传湿系数 h_m，即：

$$Sh=\frac{h_m\times L}{D_{va}}\tag{3-68}$$

式中：L 为特征长度。

无量纲舍伍德数 Sh 与流体表面的运动状态有关，可通过式（3-69）计算：

$$Sh=0.664\times Re^m\times Sc^n\tag{3-69}$$

式中：Re 为与液态水表面气流状态有关的雷诺数；Sc 为描述流体动量扩散及质量扩散无纲量的斯密特数；m，n 根据运动状态不同来取值。

根据式（3-67）~ 式（3-69）即可计算出在一定气流场环境下液态水表

面的蒸发速率，即：

$$\dot{m} = \frac{D_{va} \times 0.664 \times Re^m \times Sc^n}{L} \times (\rho_{v,s} - \rho_{v,e}) \quad (3-70)$$

根据流体力学关于气体流动状态是由雷诺数决定的理论，经计算得知，本试验中织物周围的气流是处于层流状态，则式（3-70）中的 m、n 值分别为 1、0.333，则将雷诺数 Re、斯密特常数 Sc 代入式（3-70），可得：

$$\dot{m} = \frac{0.664 \times D_{va}^{0.667} \times U_e^1 \times v^{0.333}}{L^{1.5}} \times (\rho_{v,s} - \rho_{v,e}) \quad (3-71)$$

（二）织物传湿理论

1. 液态水及水蒸气在织物内状态

织物是一种由纤维、纱线组成的多孔结构材料，按孔隙的大小可将织物的孔隙分为三层。对含有一定量液态水的织物进行传湿分析时，不能按照上述液态水的传湿过程进行分析，因为含液态水的织物具有以下特征。

（1）组成织物的纤维或者纱线按照与液态水间的吸附形式机理不同，可将织物内的水分为三类，分别是直接水、间接水和毛细水。直接水指的是纤维内亲水性基团与水分子形成的水合物，由于纤维内的亲水性基团对水分子有较大的亲和力，通过与水分子的缔合使水分子失去热运动的能力，这类水分子主要与纤维内部无定形区的亲水性基团相结合；间接水指的是直接水与纤维内亲水性集团缔结后，其本身还具有一定的极性，还可以吸附其他水分子，聚集在表面，这类水主要聚集在纤维内无定形区和纤维表面，如图 3-69 所示。

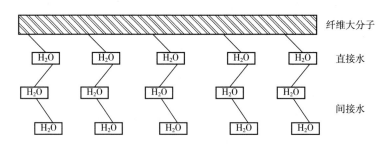

图 3-69　纤维亲水基团与直接水和间接水吸附示意图

毛细水指的是纤维内部孔隙和纱线内纤维间的孔隙中的水，该部分水主要是由于毛细管效应以及表面张力作用吸附，如图 3-70 所示。

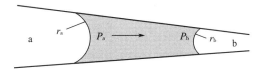

图 3-70　纤维内及纤维间毛细水示意图

（2）在织物内部存在大小不等的孔隙，液态水按其缝隙的大小分不同的形态分布在其中，因此织物内部存在水—固、水—气、固—气三种交界。

（3）织物内部的气相空间中由于液态水的存在，此空间至少存在水蒸气和空气两种气体。

2. 织物内液态水的迁移及水蒸气的蒸发

织物内纤维及纱线间的孔隙可视为毛细管纵横交错的网络结构，当织物具有较高含水率时，纤维或者纱线间孔隙会被大量的液态水所占据，如图 3-71（a）所示。为了更好描述高含水量织物液态水的迁移过程，以图 3-71中水平毛细管内液态水纵向迁移过程为例。图 3-71 中（a）（b）的压力分别为：

$$P_a = (P_a - P_e) + P_e = \Delta P_a + P_e = -\frac{2\sigma}{r_a} + P_e \qquad (3-72)$$

$$P_b = (P_b - P_e) + P_e = \Delta P_b + P_e = -\frac{2\sigma}{r_b} + P_e \qquad (3-73)$$

式中：P_a 为 a 点的压力（Pa）；P_e 为环境压力（Pa）；σ 为表面张力；P_b 为 b 点的压力（Pa）；r_a、r_b 分别为 a、b 两点的曲率半径（m）。

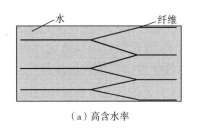
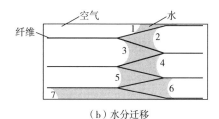

（a）高含水率　　　　　　　　　（b）水分迁移

图 3-71　毛细管内液态水的迁移

由式（3-72）和式（3-73）可得出 a、b 处液态水之间的压力差 ΔP_{ab}，即：

$$\Delta P_{ab} = P_a - P_b = 2\sigma\left(\frac{1}{r_b} - \frac{1}{r_a}\right) \tag{3-74}$$

从图 3-72 中可以看出，$\frac{1}{r_b}$ 大于 $\frac{1}{r_a}$，则在压力差 ΔP_{ab} 的驱动下，毛细管内的液态水将从毛细管直径大的地方向毛细管直径小的地方迁移。

图 3-71（a）中的织物纤维内部或者纱线间的孔隙大量被液态水充满，将此织物放置在一定气流场环境中，面料内的水分会随着蒸发而逐渐减少。随后，纤维内部和纤维间的液态水分布在纤维内或者纤维间弯曲面曲率半径不同的毛细管内，如图 3-70 和图 3-71（b）所示，形成毛细管梯度。

图 3-24 中织物含有一定量液态水后，其传热机理不仅包括热传导、热对流和热辐射三种传热方式，还增加了液态水的热传递以及转化成气态水的过程。使织物表面的传热发生了较大的变化，其具体传热过程如下。

（1）织物与热板间的热传导量增加，织物含有一定量的液态水，此液态水占据了原有空气所充满的部分体积，则此时织物的导热系数 $\lambda_{f,w}$ 可根据式（3-75）计算：

$$\lambda_{f,w} = (1-\varepsilon_f)\lambda_{f,f} + \varepsilon_f\lambda_a + S_w\lambda_w \tag{3-75}$$

式中：S_w 面料内液态水占有的体积；λ_w 为水的导热系数。

水的导热系数 [0.599W/（m·℃）] 远高于空气 [0.023W/（m·℃）] 和纤维材料的导热系数 [0.035~0.058W/（m·℃）]，由式（3-75）面料内孔隙率 ε_f 大小得知，此时织物的整体导热系数将会迅速增加，进而造成热板散失热量迅速上升。

（2）由于织物整体导热系数增大，则上表面温度迅速上升，造成其表面对流散热量迅速增加，同时由于织物表面温度上升，其向周围空气的辐射散热也会迅速增加。

（3）织物内液态水的增加，使纱线内及织物表面的蒸汽密度迅速上升，而将液态水转化为气态水需要一定的热量，则此时织物表面的温度会由于液态水的蒸发而下降。同时液态水转换成气态水需要的能量由热板来提供。

二、不同运动状态织物传湿性试验方法

为了测试处于运动状态下显汗状态织物表面温度变化及热板热量散失功率变化情况，利用研制的处于运动状态下织物动态热湿性能测试仪进行测试。在测试过程中，由于无法判定处于运动状态下的织物是否达到平衡回潮状态，

因此测试先测定了不同运动状态时平衡回潮率织物的表面温度及热板热量散失功率变化，然后再测试高回潮率织物在此运动过程中表面温度及热板热量散失功率变化，直至其表面温度及热板热量散失功率值恢复到平衡状态时停止测试。

由于纯毛面料有较好的亲肤性和较高的回潮率，其作为高档、时尚面料一直被人们所推崇。采用表3-4中1#机织纯毛织物为代表试样，采用滴加液态水的方式使被测织物快速达到设定回潮率，液态水滴加量由式（3-76）、式（3-77）计算：

$$W_f = m_f \times \omega_f \tag{3-76}$$
$$W_{f,d} = m_f \times \omega_{f,s} - W_f \tag{3-77}$$

式中：W_f 为在平衡状态时织物内的含水量（g）；m_f 为织物的干重（g）；ω_f 为织物在平衡状态时的回潮率（%）；$W_{f,d}$ 为织物在设定回潮率时应滴加液态水的质量（g）；$\omega_{f,s}$ 为织物的设定回潮率（%）。

根据式（3-76）、式（3-77），结合表3-17中的设定回潮率和织物干重，即可计算出不同回潮率时应滴加液态水的质量，具体计算结果见表3-17。

表3-17　1#毛织物不同回潮率时应滴加液态水质量

设定回潮率(%)	干重(g)	平衡含水量(g)	设定含水量(g)	滴加水量(g)
45	1.67	0.25	0.75	0.50
65	1.67	0.25	1.09	0.84
85	1.67	0.25	1.42	1.17
105	1.67	0.25	1.75	1.50
125	1.67	0.25	2.09	1.84

注　1#毛织物的平衡回潮率为15%。

根据织物的状态不同，传湿测试有两种测试方式。

（1）当织物和测试平台处于静止状态，先保持织物在平衡状态时测试10~100s，通过温度、电阻传感器以及功率控制器记录织物在未滴加水状态时的表面温度、热板功耗系数。然后滴加一定量的液态水，同时记录滴加液态水之后织物表面的温度变化和热板功耗系数变化情况。随时间的增加，织物表面水分逐渐蒸发，当织物表面温度和热板热量散失功率值恢复到初始阶段时（即没滴加水时），织物的回潮率已经恢复到平衡回潮状态，测试结束。

（2）当织物和测试平台处于运动状态，则保持织物和测试平台以一定速度进行运动，测试10~100s，此时的织物内部的水分与外界环境湿空气水分子处于平衡状态，记录下此时织物表面温度、热板在此运动速度时的功耗系数变化。然后关闭动态热湿性能测试仪的电机，使织物、热板处于静止状态，并暂停上位机对织物温度、热板功率的采集工作，迅速均匀滴加设定量的液态水在被测织物表面。当设定量液态水滴加完成之后，控制电机使织物、热板处于设定速度的运动状态，同时上位机继续采集下位机传输来的数据，当织物表面温度和热板功率值恢复到初始平衡状态数值时，测试过程完成，停止测试。

三、不同运动状态织物传湿性能测试及影响因素

（一）不同回潮率在静止状态对织物传湿的影响

为了研究处于运动状态时不同回潮率织物的传湿传热过程，应先研究处于静止状态下不同回潮率织物的传湿传热。按照本节第二部分不同运动状态织物传湿试验方法中第（1）种实验方案对1#纯毛面料进行测试。纯毛织物和测试平台处于静止状态，通过调整织物回潮率，测试其在传热、传湿过程中织物表面温度、热板散热功耗系数的变化。

试验结果表明，织物处于低回潮率和高回潮率时，织物表面温度、热板功耗系数及蒸发所持续时间长短均存在一定的差异。为了区别其间差异，将织物回潮率在45%和125%状态时的表面温度、热板功耗系数曲线单独列出来进行分析，测试结果如图3-72和图3-73所示。

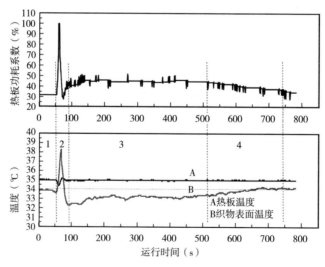

图3-72 处于静止状态织物表面温度和功耗系数曲线（回潮率45%）

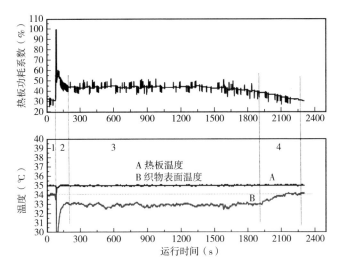

图 3-73　处于静止状态织物表面温度和功耗系数曲线（回潮率 125%）

图 3-72、图 3-73 分别是低回潮率 45%、高回潮率 125% 的织物处于静止状态时表面温度和热板功耗系数变化曲线。从图 3-72 中时间段在 0~50s 可以看出，此时无论是织物表面温度还是热板功耗系数，都处于稳定状态，即此时热板功耗、织物散热和周围大气环境三者之间处于一个动态平衡状态，对应于图 3-72 中标有 1 处的区间。当滴加一定量液态水后（此时液态水的温度大约为 12.5℃），此时织物表面温度根据滴加液体水的量会呈不同的变化趋势，此过程对应于图 3-72、图 3-73 中的阶段 2。图 3-72 中的阶段 2 中织物表面温度呈先迅速上升，再逐渐下降的趋势，而图 3-73 中的阶段 2 中织物表面温度呈先下降再逐渐上升的变化规律。图 3-74 中的现象可能是由于对处于平衡回潮率状态下静止的织物突然滴加一定量液态水（低滴加量），此时部分液态水被织物内纤维吸收，由于纤维具有吸湿放热的特性，因此在滴加少量液态水时，织物表面温度呈上升变化，接着由于液态水的蒸发会吸收一定的热量，导致织物表面温度呈下降趋势。而图 3-73 是对处于平衡回潮率状态下静止的织物滴加大量液态水，此过程虽然同样存在纤维吸湿放热过程，但由于滴加液态水量较多，纤维吸湿放热所产生的能量不足以将液态水温度升高到平衡状态时的表面温度（液态水温度为室温温度），因此织物表面温度呈先下降再上升的趋势。对比图 3-72 和 3-73 中的阶段 3 可以看出，图 3-72 中阶段 3 维持的时间明显少于图 3-73，造成该现象的主要原因是图 3-72 滴加液

态水量远小于图 3-73 中滴加液态水量，处于相同蒸发速率环境下，滴加液态
水量多的织物要将液态水完全汽化，需要时间更长。对比图 3-72 和 3-73 中的
阶段 4，从图中可以看出，在此阶段两图所需时间大致相同，这可能是由于织
物内自由液态水已经全部蒸发并散失到空气中，织物内的水主要以直接水和
间接水的形式存在于纤维内部及表面（图 3-71），这部分水的蒸发不仅涉及
液态水的汽化过程，而且还涉及间接水与直接水间的吸附过程，因此相对于
阶段 3 自由水的蒸发，此阶段单位时间蒸发量即蒸发速率远小于第 3 阶段的
蒸发速率，图 3-72 和图 3-73 阶段 4 中温度缓慢上升的曲线即可间接说明此
阶段的蒸发速率。

　　织物表面电阻能间接表示织物的回潮率，陈玉波曾对织物表面电阻与回
潮率之间的关系进行了研究，结果表明当织物由于蒸发作用从高回潮率降低
到低回潮率时，其表面电阻呈指数关系变化。2005 年，胡吉勇和李毅等人也
认为织物表面电阻变化能间接反映织物回潮率变化，利用织物表面电阻与回
潮率之间的变化规律，研制了织物液态水管理系统测试仪 MMT。

　　在封闭的小环境中，陈玉波测试的织物表面电阻与回潮率间变化如图 3-74
所示。从图 3-74 可以看出，通过织物表面电阻能间接反映织物回潮率的变化
情况。图中测试运行时间 3000s 处，此时织物的回潮率约为 16%，其表面电
阻约为 24.5kΩ，在此之后，织物回潮率逐渐下降至 14.7%，而织物表面电阻
呈指数迅速增加到无穷大。由此可以看出，在本试验中，也可以采用织物表
面电阻来间接反映其回潮率变化，即认为图 3-72、图 3-73 中的第 4 阶段织
物的水分蒸发主要是纤维内直接水和间接水的蒸发过程，由于此阶段液体水

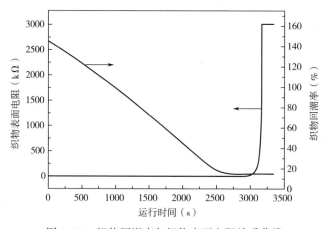

图 3-74　织物回潮率与织物表面电阻关系曲线

的蒸发量较少，持续时间较长，则此阶段的蒸发速率远没有第3阶段的蒸发速率高。

为了进一步说明织物表面电阻和表面温度变化间的关系，将处于静止状态设定回潮率为125%的机织纯毛织物表面电阻和表面温度变化拟合在一张图中，如图3-75所示。从图3-75可以看出，随着织物表面电阻的迅速增加，其表面温度缓慢上升，当表面电阻增加到无穷大时，织物表面温度上升时间滞后于表面电阻的上升时间，这可能是由于织物内直接水与环境间存在热湿平衡调节过程。

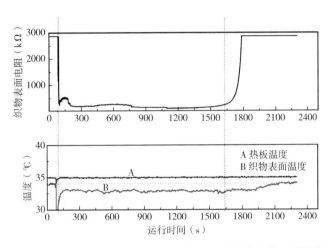

图3-75　织物处于静止状态时表面电阻和表面温度变化曲线（回潮率125%）

对比图3-72和图3-73的温度曲线、热板功耗系数变化曲线可以看出，处于静止状态下不同回潮率的织物表面温度和热板功耗系数变化趋势从整体传热、传湿过程来看，其变化规律基本相似。即在滴加一定量液态水后均呈现为织物表面温度迅速改变，保持稳定状态及缓慢上升阶段，热板功耗系数也均表现为迅速上升，功耗系数稳定输出及缓慢下降阶段等过程。最主要区别是根据回潮率大小的不同，织物表面温度、热板功耗系数在不同阶段维持的时间在数值上存在一定的差异。为了更好地理解和分析织物在滴加一定量液态水后的传湿传热过程，将图3-72、图3-73织物表面温度和热板功耗系数变化划分4个阶段。

测试初期，一定回潮率的织物固定在热板表面，织物下表面温度保持恒定，热板能量损耗在此状态下以恒定功率向周围进行能量交换，此过程定义为传湿的第1阶段，如图3-72、图3-75中1处所示。接着将一定量的液态水均匀滴加在织物表面，此时，织物表面的温度因液态水的增加而迅速变化，其变化的方向和大小取决于滴加液态水的量，同时热板功耗系数因需求能量增加呈迅速上升趋势，将此过程定义为传湿的第2阶段，如图3-72、图3-73中2所示。随后织物表面温度、热板功耗系数一定时间保持不变，将此过程定义为传湿的第3阶段，如图3-72、图3-73中3所示。织物表面液态水由于蒸发作用逐渐减少，织物表面温度随时间逐渐升高，上升到初始阶段后，达到传热、传湿初始织物表面温度，即阶段1时织物表面温度值，对热板功耗系数而言，其从阶段3恒定输出变为缓慢下降，然后恢复到阶段1热板功耗系数值，则表示整个传湿过程完成，将此阶段定义为传湿的第4阶段。为了更好地定义上述温度、热板功耗系数的变化过程，将上述4个阶段织物表面温度建立相应的温度变化模型，此变化过程与温度变化模型图3-61基本相似，但该模型能更好说明热板加热时织物表面温度变化，其模型如图3-76所示。

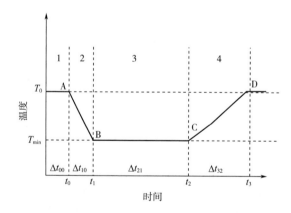

图3-76　一定回潮率织物表面温度变化模型

同时，将处于静止状态覆盖织物热板的功耗系数变化建立如图3-77所示的热板功耗变化模型。

图3-76、图3-77分别是图3-72或者图3-73织物表面温度变化和热板功耗系数变换简化变化模型图。从图3-76可以看出，一定回潮率下的织物在蒸发过程中，其表面温度变化呈倒梯形变化趋势，而从图3-77可以看出，其功耗系数变化模型呈正梯形变化趋势。

为了研究回潮率对处于静止状态的织物在传湿传热过程中对表面温度和

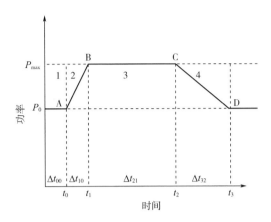

图 3-77　一定回潮率织物热板功耗系数变化模型

热板散热功耗的影响，本节第二部分不同运动状态织物传湿试验方法中第
（1）种试验方案，对机织纯毛面料滴加不同量液态水后，测量织物表面温度、
热板功耗系数和织物表面电阻变化，具体测试结果如图 3-78~图 3-80 所示，
其中设定织物不同回潮率所需滴加液态水量按照表 3-17 中进行滴加。

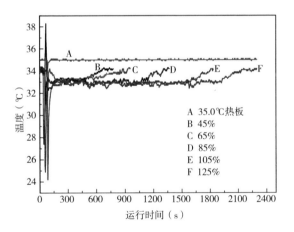

图 3-78　不同回潮率织物处于静止状态时表面温度曲线

图 3-78、图 3-79 分别是织物和测试平台处于静止状态时，改变织物的
回潮率，测试织物内液态水蒸发过程时表面温度和热板散热功耗系数变化曲
线。从图 3-78、图 3-79 温度和功耗系数变化曲线可以看出，实际测试结果
与图 3-76、图 3-77 温度和功耗变化的理论模型变化趋势相似，即高回潮率
织物在蒸发过程所建立的理论模型与实际测试结果有较好的一致性。

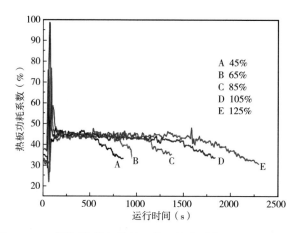

图 3-79　不同回潮率织物处于静止状态时热板功耗系数曲线

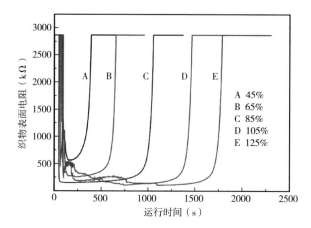

图 3-80　不同回潮率织物处于静止状态时表面电阻曲线

图 3-80 是在测试上述织物表面温度和功耗系数时面料表面电阻变化曲线。从图中可以看出，面料表面低电阻维持在蒸发过程中，维持时间随着设定回潮率的增加呈增加趋势。

为了研究回潮率对织物在蒸发过程中表面温度、热板热量散失功率的影响。根据图 3-76、图 3-77 所示模型将图 3-78、图 3-79 在不同阶段的特征状态值提取出来，然后将其功耗系数根据式（3-13）转换功率值。具体转换数据见表 3-18、表 3-19，其中功率初始值为 P_0，功率上升最大平恒值为 P_{max}，传热传湿阶段所用时间为 t_{00}、t_{10}、t_{21}、t_{32}，织物初始温度为 T_0，织物表面最

低温度为 $T_{\min}$，温度下降斜率为 K_{TX}，温度上升斜率为 K_{TS}，功率上升斜率为 K_{PS} 及下降斜率为 K_{PX}。

表 3-18　静止织物不同回潮率时温度特征

回潮率(%)	$T_0(℃)$	$T_{\min}(℃)$	$t_{00}(s)$	$t_{10}(s)$	$t_{21}(s)$	$t_{32}(s)$	$K_{TX}(×10^{-2})$	$K_{TS}(×10^{-2})$
45	33.8	33.3	50.8	48.0	402.6	255.0	1.04	0.20
65	34.3	33.4	55.0	56.7	484.5	277.0	1.59	0.33
85	34.1	32.9	42.7	64.6	967.5	289.0	1.86	0.42
105	33.9	32.7	51.8	91.2	1137.0	324.0	1.32	0.37
125	34.1	33.0	72.0	122.0	1506.0	373.0	0.91	0.30

表 3-19　静止织物不同回潮率时热板功率特征

回潮率(%)	$P_0(W)$	$P_{\max}(W)$	$t_{00}(s)$	$t_{10}(s)$	$t_{21}(s)$	$t_{32}(s)$	$K_{PS}(×10^{-2})$	$K_{PX}(×10^{-2})$
45	2.43	3.43	46.8	49.0	402.6	275.0	2.11	0.39
65	2.39	3.41	47.1	56.2	598.3	297.0	1.83	0.36
85	2.55	3.38	38.7	62.2	972.7	312.0	1.32	0.29
105	2.55	3.34	43.1	69.4	1279.8	345.0	0.92	0.24
125	2.39	3.37	51.2	136.4	1486.1	420.0	0.86	0.26

从表 3-18、表 3-19 可以看出，在设定回潮率为 45%、65%、85%、105%、125%时，织物表面温度第 3 阶段数值分布在（33.0±0.5）℃范围内，同时热板热量散失功率值在第 3 阶段的数值大致分布在（3.40±0.03）W 范围内，以上两组数值表明处于静止状态时织物在不同设定回潮率时面料内液态水以恒定速率蒸发。将表 3-18 中不同设定回潮率在第 3、第 4 阶段、整体阶段温度蒸发所用时间提取出来并进行拟合，结果如图 3-81 所示。

从图 3-81 可以看出处于静止状态的织物在滴加一定量液态水后整体蒸发所需时间随回潮率的增加而增加，并在整个蒸发过程中，第 3 阶段蒸发所用时间占整体蒸发所需时间（2、3、4 阶段所用时间和）的 70%以上。对图 3-81 中蒸发所用时间—回潮率进行线性拟合，则整体蒸发线性拟合公式为：

$$Y_Z = 16.6X - 133.4 \quad (R^2 = 0.96) \quad\quad (3-78)$$

织物中第 3 阶段和第 4 阶段蒸发线性拟合公式分别为：

$$Y_3 = 14.3X - 315.7 \quad (R^2 = 0.96) \quad\quad (3-79)$$

$$Y_4 = 1.42X + 183.3 \quad (R^2 = 0.93) \quad\quad (3-80)$$

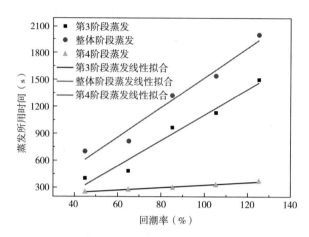

图 3-81　不同回潮率织物在第 3、第 4 阶段及整体阶段蒸发所用时间关系曲线

从式（3-78）~式（3-80）可以看出，处于静止状态下的织物在滴加液态水后在第 3、第 4 阶段及整体蒸发所用时间随着设定回潮率的增加呈线性增加趋势。并且在高回潮率状态下，第 3 阶段的蒸发所用时间在整个蒸发过程最长。从图 3-81 中不同回潮率下织物第 4 阶段所用蒸发时间可以看出，随着织物设定回潮率的增加，织物内水分蒸发所需时间也随之增加，并且也呈线性增加，变化趋势如式（3-80）所示。这可能是由于随着设定回潮率的增加，自由液态水更多地渗入纤维内部，在织物完成第 3 阶段的平衡后，要将纤维内部的水分蒸发出来，则需要更多时间来达到初始平衡状态。

上述表 3-18、表 3-19 中 K_{TX}、K_{PS}、K_{TS}、K_{PX} 分别是按照图 3-76、图 3-77 模型计算出来的功率、温度斜率特征值，其中 K_{TX}、K_{PS} 分别是在滴加液态水之后织物表面温度下降斜率和热板功率上升斜率特征值。从表中可以看出，K_{TS}、K_{PX} 均有较大幅度变化，尤其是热板功率上升斜率 K_{PS}，其值随着设定回潮的增加而缓慢降低，这表明随着滴加液态水量的增加，热板功率从初始状态经第 2 阶段转换到第 3 阶段平衡状态所用的时间也随之增加。这主要是由于随着滴加液态水量的增加，要将其加热到一定温度所需能量随之增加，而热板热量散失功率相对变化不是很大，根据功率与热量的关系，则所需时间必须增加。特征值 K_{TS}、K_{PX} 分别是织物从第 3 阶段到达第 4 阶段温度上升曲线的斜率和热板功率下降曲线的斜率，这两个特征值比 K_{TX}、K_{PS} 小很多，并且这两个特征值在此阶段随织物设定回潮率的增加变化不是很大。这可能由于此阶段发生的热交换是在纤维或者纱线内部的湿空气与周围环境空气中，而此过程的影响因素主要有纤维材料本身性质、周围环境温湿度和环境中空气流动速度，此处这些因素基本保持不变，因此特征值 K_{TX}、K_{PS} 相对来说变化较小。表 3-19 中处于静止状态的织物在不同回潮率时热板功率在不同阶段所用时间与织物表面温度变化所用时间相差也不是很大，其变化趋势类似于表面温度变化趋势，因此不再重复描述。

（二）不同回潮率对处于运动状态织物传湿的影响

为了研究回潮率对处于运动状态的织物在蒸发过程中的传湿传热的影响，采用本节第二部分不同运动状态织物传湿试验方法中第（2）种方法进行试验。在本次测试中，设定织物的运动线速度为 1.88m/s，织物的设定回潮率分别为 45%、65%、85%、105%、125%，并以 1#织物为例，不同设定回潮率所需滴加液态水量按照表 3-17 进行操作。

图 3-82、图 3-83 分别是机织纯毛面料在不同回潮率，运动速度为1.88m/s 时织物表面温度和热板功耗系数变化曲线。从图 3-82 中可以看出，织物表面温度随着回潮率的增加，均呈现出先降低再恒定的规律，图 3-83 热板功耗系数随回潮率的增加呈现出增加的规律，并且其散热蒸发所需时间均随回潮率的增加呈逐渐增加趋势。

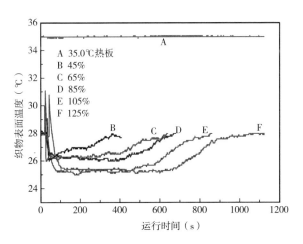

图 3-82　不同回潮率织物表面温度变化曲线

从图 3-82 织物表面温度变化曲线可以看出，在 0~50s 阶段，即图 3-76中模型的第 1 阶段，此时织物表面温度远低于图 3-78 所示静止状态织物表面温度，这可能是由于放置在测试平台的织物以 1.88m/s 的速度进行运动时，

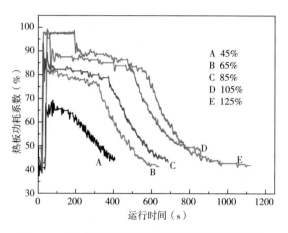

图 3-83 覆盖不同回潮率织物热板功耗系数曲线

织物的运动引起空气的强制对流散热，因此以一定速度运动时织物的表面温度在第1阶段一定低于静止状态织物的表面温度。在运行时间至50s时，即图3-76中的第2阶段起始部分，织物表面温度呈先迅速上升，然后逐渐下降的变化趋势，造成这种变化可能是由于第1阶段的织物是处于运动状态，而要对织物进行液态水的滴加，则必须将处于运动状态的织物停止，由于运动过程中热板的加热功耗系数较静止状态时高，即使停止对热板供电，但由于温度控制的滞后性，此时织物表面温度出现上升变化趋势，随着液态水的滴加以及热板功耗系数的降低，则织物表面温度呈下降趋势，并且此过程中，随着滴加液态水量的增加，织物表面温度降低量也随之增大。当织物表面温度降低并维持一定值时，则表示织物表面温度变化如图3-76所示第2阶段完成；图3-82中织物表面温度在第3、第4阶段的变化趋势与上述变化趋势模型基本相似，但随着滴加液态水量的增加，织物表面温度的降低量和在此阶段维持的时间也随之增加，造成这种变化的原因除了上述分析结果外，还与织物的运动状态有关。图3-78和图3-82分别是织物处静止状态和处于运动状态时不同回潮率织物表面温度的变化曲线，两者之间的不同仅仅是运动状态不同。处于静止状态时不同含水量织物的传热传湿过程包括辐射、自然对流、自然蒸发散热过程，而处于运动状态时不同含水量织物的传热传湿过程包括辐射、强制对流、强制蒸发散热过程。因此可以看出，织物表面空气层的强制对流对织物表面温度影响非常大，根据相似和对流传湿原理，强制对流对不同回潮率的织物在传湿传热过程中有较大影响。

为了研究织物以一定速度运动时回潮率对其表面温度变化的影响规律，将图 3-82 织物表面温度变化按照图 3-76 模型的特征状态值提取出来。具体转换数据见表 3-20。

表 3-20　不同回潮率的织物以 1.88m/s 速度运动时表面温度特征

回潮率(%)	T_0(℃)	T_{min}(℃)	t_{00}(s)	t_{10}(s)	t_{21}(s)	t_{32}(s)	K_{TX}(×10^{-2})	K_{TS}(×10^{-2})
45	28.0	26.4	29.3	14.4	187.6	138.6	11.12	1.15
65	28.0	26.3	21.5	19.0	374.6	232.9	8.95	0.73
85	28.0	26.2	19.2	27.0	428.3	256.7	6.67	0.71
105	28.1	25.3	18.4	57.5	499.2	281.0	4.87	0.89
125	27.9	25.2	38.3	63.0	561.2	360.2	4.29	0.75

对比表 3-18 和表 3-20 可以看出，处于运动状态时织物的表面温度均小于静止状态时织物的表面温度，同时其在第 3、第 4 阶段蒸发所用时间均小于静止状态所用时间。将表 3-18 和表 3-20 中的第 3、第 4 阶段所用时间按照式（3-81）进行处理，结果见表 3-21。

$$N_n = \frac{t_{jn}}{t_{yn}} \tag{3-81}$$

式中：N_n 为不同阶段蒸发所用时间比值；t_{jn}、t_{yn} 分别为静止、运动状态不同阶段蒸发所用时间。

表 3-21　不同回潮率织物第 3 和第 4 阶段静止和运动状态时间之比

回潮率(%)	45	65	85	105	125
N_3	2.15	1.30	2.26	2.27	2.68
N_4	1.84	1.19	1.13	1.15	1.04

从表 3-21 可以看出，不同回潮率织物处于静止状态时，其第 3 阶段所需时间几乎是处于运动状态所需时间的 2 倍，而在第 4 阶段为大约 1.15 倍，说明不同回潮率的织物对处于静止状态和以一定速度运动时的蒸发速率不相同，即一定测试环境下，蒸发速率与其运动状态（或者其表面风速）密切相关。

织物以一定速度运动时，为研究不同回潮率的织物与蒸发所用时间的关系，将表 3-20 中的第 3、第 4 阶段整体蒸发所用时间与织物回潮率进行作图，并对其进行线性回归，结果如图 3-84 所示。

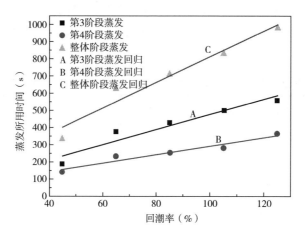

图3-84　不同回潮率织物在第3、第4阶段以及整个蒸发过程所用时间的回归曲线

其中，在第3阶段蒸发所用时间与设定回潮率间的线性方程：

$$Y=39.68+4.36X(R^2=0.90)　　　　　(3-82)$$

在第4阶段蒸发时间与设定回潮率间的线性方程：

$$Y=45.08+2.46X(R^2=0.92)　　　　　(3-83)$$

整体蒸发阶段即图3-76中的2、3、4阶段蒸发时间与不同回潮率间的线性方程：

$$Y=63.25+7.49X(R^2=0.94)　　　　　(3-84)$$

从图3-84和式（3-82）~式（3-84）可以看出，第3、第4阶段和整体蒸发阶段所用时间均随织物回潮率呈线性增加趋势。

从图3-83可以看出，热板功耗系数的变化规律符合图3-77中热板功耗系数变化模型，分别为起始平衡阶段、上升阶段、功耗恒定阶段和功耗下降阶段。织物以1.88m/s速度运动时，热板热量散失功率在第2阶段主要分以下三部分。

（1）织物以一定速度运动，织物表面温度高于环境温度，则织物表面与周围环境空气进行热量交换。

（2）滴加液态水温度低于织物温度，热板通过织物间接提供能量给液态水加热。

（3）织物吸收液态水后，由于织物表面的水蒸气密度高于环境水蒸气密度，则织物表面水蒸气会向周围环境扩散，此过程织物表面液态水蒸发需要的能量间接由热板提供。

在图3-83热板的功耗恒定阶段，即图3-77模型中第3阶段（功率恒定阶段），热板提供的能量主要是维持织物在气流场环境下的能量散失和其内液态水以一定蒸发速率进行汽化所需能量。在图3-83热板的功耗下降阶段，即图3-77模型中的第4阶段，随着液态水的蒸发，织物回潮率逐渐降低，液态水的蒸发速率也逐渐降低，此时蒸发的液态水主要是织物内部纤维表面及纤维内部的水分。由于纤维内部水分与纤维间存在直接水和间接水的结合，此阶段水分蒸发不仅需要提供必要的汽化热，还需要提供足够的能量来破坏纤维与水分子间的键能，因此在此阶段蒸发速率比较低，同时蒸发需要的时间也比较长。

将图3-83织物覆盖热板的功耗系数变化以图3-77模型在不同阶段的状态特征值提取出来。然后将其功耗系数根据式（2-13）进行功率转换，其结果见表3-22。从表3-22中的t_{21}、t_{32}两组数据可以明显看出，此阶段蒸发需要的时间仅小于达到平衡蒸发需要时间，并且随着织物回潮率的降低，热板的功耗系数逐渐降低，直至图3-83中的起始平衡阶段在气流场下织物所消耗的功耗，至此表示织物蒸发完成。

表3-22　不同回潮率织物以速度1.88m/s运动时热板功率变化特征

回潮率（%）	P_0（W）	P_{max}（W）	t_{00}（s）	t_{10}（s）	t_{21}（s）	t_{32}（s）	K_{PS}（×10^{-2}）	K_{PX}（×10^{-2}）
45	3.10	5.00	38.4	18.2	197.6	126.3	13.2	1.4
65	3.10	5.92	26.2	20.6	364.5	245.1	14.8	1.2
85	3.14	6.28	25.6	28.5	423.1	266.2	11.6	1.2
105	3.25	6.62	25.3	56.5	507.6	292.1	5.9	1.2
125	3.25	7.01	40.5	64.3	581.7	380.7	6.0	1.1

表3-22是不同回潮率织物以速度1.88m/s运动时热板散失功率特征试验数据，对比表3-19中处于静止状态下织物不同回潮率时热板的功率数据可以看出，处于运动状态下的织物的热板功率在第3、第4阶段蒸发所用时间均少于处于静止状态下所用的时间。并且运动状态下热板功率下降斜率也大于静止状态功率下降斜率，说明织物的蒸发速率与其所处的运动状态（或者其表面风速）之间紧密相关，这与上述织物表面温度变化得出的结论一致。

（三）不同运动速度对织物传湿过程的影响

为了研究运动速度对织物表面温度、热板功耗的影响，采用本节第二部分不同运动状态、织物传湿试验方法中第 2 种方法进行对 1#机织纯毛面料进行测试。在本次试验中，主要测试回潮率为 85%的织物以 1.26m/s、1.88m/s、2.51m/s、3.13m/s、3.77m/s 运动时织物表面温度和热板功耗系数变化，图 3-85 是织物在不同运动速度下的表面温度变化曲线。

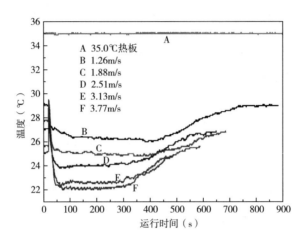

图 3-85　织物不同速度运动时表面温度变化曲线

从图 3-85 可以看出，织物在相同回潮率下（即滴加相同量的液态水），以不同速度运动时，织物表面温度则从初始平衡—迅速下降—保持平衡—缓慢上升—最终平衡状态所用时间随运动速度的增加而减少，同时织物表面温度与起始阶段温度差值逐渐增大。并且织物表面温度从保持平衡—缓慢上升—最终平衡阶段蒸发所用时间也随着运动速度的增加而减少，即织物表面温度上升阶段斜率随运动速度的增加而增加。

将图 3-85 织物表面温度中变化按照图 3-78 温度变化模型在不同阶段的状态特征值提取出来，并计算织物表面温度上升和下降斜率，其结果见表 3-23。

表 3-23　织物以不同速度运动时表面温度特征

速度（m/s）	T_0（℃）	T_{min}（℃）	t_{00}（s）	t_{10}（s）	t_{21}（s）	t_{32}（s）	K_{TX}（×10^{-2}）	K_{TS}（×10^{-2}）
1.26	29.1	26.2	21.4	41.6	412.7	300.5	6.97	0.97
1.88	27.7	25.0	20.4	40.5	386.1	267.3	7.65	1.05
2.51	27.1	24.0	20.3	36.1	339.1	248.5	8.59	1.25
3.13	25.7	22.6	18.8	18.0	303.1	235.6	15.56	1.41
3.77	25.1	22.1	19.3	16.2	255.5	181.0	17.91	1.66

由表 3-23 中 t_{21}、t_{32}、阶段可以得出，织物以不同速度运动时，其内液态水在第 3、第 4 阶段蒸发所用时间均随运动速度的增加而降低，蒸发所用时间—运动速度线性回归如图 3-86 所示。

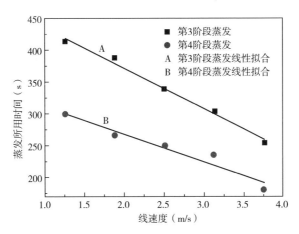

图 3-86　织物以不同运动速度在第 3 和第 4 阶段蒸发所用时间关系曲线

从式（3-71）可以看出，液态水的蒸发速率与其表面空气流动速度呈线性关系。当液态水量一定时，则蒸发所用时间与蒸发速率呈反比。以表 3-23 中织物的运动速度为自变量 X，以回潮率 85% 的织物在第 3、第 4 阶段蒸发所用时间为因变量 Y_3、Y_4 进行线性回归，则线性方程分别为：

$$Y_3 = 498.4 - 63.4X \, (R^2 = 0.99) \qquad (3-85)$$

$$Y_4 = 355.1 - 43.2X \, (R^2 = 0.93) \qquad (3-86)$$

从式（3-85）可以看出，织物以不同速度运动时，其运动速度与第 3 阶段蒸发所用时间呈较好的线性关系，则织物的运动速度与其内液态水的蒸发速率呈线性相关。

表 3-23 中的 T_0、T_{min} 分别是处于运动状态下的织物在初始运动时表面温度和其内液态水蒸发时表面最低温度值。从表中可以看出 T_0、T_{min} 分别随着运动速度的增加呈下降趋势。对 T_0 而言，这主要是由于运动状态下的织物表面强制对流加强，并且随着运动速度的增加，强制对流引起的散热强度也随之增加，其表面温度随之降低。织物内液态水在蒸发过程中表面温度达到最小值 T_{min}，这主要是由于液态水温及水分蒸发，其表面温度迅速下降并趋于最小稳定值 T_{min}。

表 3-23 中的 K_{TX}、K_{TS} 分别为织物表面温度的下降斜率和上升斜率，从表

中可以看出 K_{TX} 和 K_{TS} 均随着织物运动速度的增加呈一定增加趋势，这主要是由于 K_{TX} 是在测试的第 2 阶段中根据 T_{min}、T_0 间的差值和温度达到稳定的时间（t_{10}）计算得来的，T_{min}、T_0 间的差值受运动速度影响较小，t_{10} 的值随运动速度的增加呈一定减少趋势，因此 K_{TX} 随运动速度的增加而增加。织物表面温度上升斜率 K_{TS} 是织物在放湿过程第 4 阶段根据 T_0、T_{min} 差值与此阶段所用时间比值求得，此值的大小间接反映了被测织物样品中水分在此阶段的蒸发速率。从表 3-23 可以看出，一定回潮率的织物表面温度在第 4 阶段的上升斜率 K_{TS} 随着运动速度的增加而增加。以表 3-23 中运动速度为变量 X，K_{TS} 为因变量 Y 对其进行线性回归，则回归方程如式（3-87）所示：

$$Y = 0.57 + 0.28X(R^2 = 0.97) \tag{3-87}$$

从式（3-87）可以看出，织物表面温度在第 4 阶段的上升斜率随运动速度的增加基本呈线性增加趋势，即织物内液态水的蒸发速率在第 4 阶段随运动速度的增加呈线性增加趋势。

图 3-87 是回潮率为 85% 机织纯毛织物以不同速度运动时热板功耗系数随时间变化曲线。从图中可以看出，织物不同运动速度时热板功耗系数的变化规律与图 3-79 热板功耗系数变化规律基本相同，但由于织物的回潮率保持不变，织物及测试平台的运动速度发生变化，相应的热板功耗系数在数值上有一定的变化，并且其变化主要发生在第 3、第 4 阶段。第 3 阶段变化的原因可能是如下两点。

（1）随着运动速度的增加，织物内液态水在第 3 阶段蒸发所用时间随之减少。

（2）随着运动速度的增加，热板散失功耗系数随之增大。

第 4 阶段发生变化的原因可能是如下两点。

（1）随着运动速度的增加，织物从第 3 阶段变化到第 4 阶段所用时间随之减少。

（2）随着运动速度的增加，热板功耗系数的变化率随之增加。

造成上述两个阶段四种变化趋势的原因可能是由于随着织物运动速度的增加，其表面空气对流散热强度随之增加，而织物内液态水的蒸发速率与其表面对流强度正相关。

同样将图 3-87 热板功耗系数变化曲线按照图 3-77 功耗系数变化模型提取相应的特征数据。然后将其功耗系数根据式（3-13）转换成功率值，其结果见表 3-24。

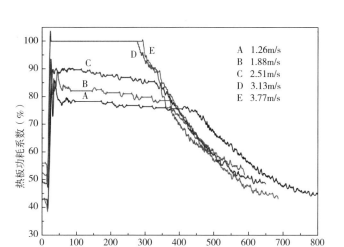

图3-87　织物以不同速度运动时热板功耗系数曲线

表3-24　不同速度运动时热板功率特征数据

运动速度(m/s)	P_0(W)	P_{max}(W)	t_{00}(s)	t_{10}(s)	t_{21}(s)	t_{32}(s)	$K_{PS}(\times 10^{-2})$	$K_{PX}(\times 10^{-2})$
1.26	3.28	5.84	19.1	29.0	380.6	465.6	8.83	0.55
1.88	3.27	6.19	18.6	31.6	333.5	341.0	9.43	0.86
2.51	3.80	6.82	20.2	28.1	296.7	301.0	9.68	0.91
3.13	3.97	7.60	18.8	3.0	277.7	265.0	121.00	1.26
3.77	4.26	7.60	17.6	3.0	250.0	177.0	112.00	1.89

从表3-24中热板散失最大功率 P_{max} 可以看出，热板散失的最大功率随运动速度的增加而增加。以运动速度为自变量 X，热板热量散失最大功率 P_{max} 为因变量 Y 进行线性回归（表3-24中3.13m/s和3.77m/s的最大功率相同，则仅取3.13m/s时的最大功率值），回归方程如式（3-88）所示：

$$Y=4.53+0.95X(R^2=0.96)\qquad(3-88)$$

从式（3-88）可以看出，热板的最大功率随运动速度的增加呈线性增加趋势，当运动速度大于一定值时，热板的功率达到本测试仪最大值极限值。从表3-24第4阶段功率下降变化率 K_{PX} 值还可以看出，热板功率下降变化率随运动速度的增加呈增加趋势，以运动速度为自变量 X，热板功率下降变化率 K_{PX} 为因变量 Y 进行线性回归，则回归方程如式（3-89）所示：

$$Y=0.49X-0.14(R^2=0.88)\qquad(3-89)$$

图 3-88 是回潮率为 85% 的织物以速度 3.13m/s 运动时其表面温度变化曲线和热板功耗系数。从图 3-88 可以看出，当运动速度为 3.13m/s 时，热板的功耗系数最大值为 100%，并且热板表面温度不能维持恒定温度 35.0℃，这主要是由于织物运动时引起周围空气强制对流，进而使织物表面液态水的蒸发速率增加。液态水汽化需要热量较大，热板温度控制系统加大输出功率，即使输出值达最大功率时，也不能保持热板温度在 35.0℃，直至织物中的含水量降低到一定数值，即蒸发率降低时，热板才能维持 35.0℃恒温。在此之后，热板表面温度仍然恒定在 35.0℃，同时，随着织物回潮率的降低、织物内水分蒸发量的减少，热板功耗系数逐渐降低至初始状态值。

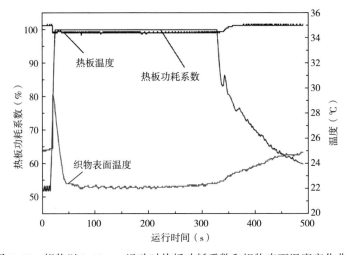

图 3-88　织物以 3.13m/s 运动时热板功耗系数和织物表面温度变化曲线

（四）纤维材料对处于运动状态织物传湿过程的影响

为了研究不同纤维材料在运动状态下对织物传湿的影响，采用本节第二部分不同运动状态织物传湿试验方法中第（2）种方法进行试验。在本次测试中，为了更加突出材料的影响因素，试验的测试对象采用非吸湿性表 3-4 中 3#纯涤机织织物为主要测试面料，运动速度设定为 1.88m/s，织物的回潮率均为 85%，测试环境温度为 20.5℃，环境湿度为 76%，其中 1#纯毛机织织物的设定回潮滴加液态水量仍然按照表 3-17 进行操作，而 3#纯涤机织织物设定回潮滴加液态水量按照式（3-76）、式（3-77）进行计算。图 3-89、图 3-90 分别是 1#纯毛机织织物和 3#纯涤机织织物在以 1.88m/s 速度运动时织物表面温度和热板功耗系数变化曲线。

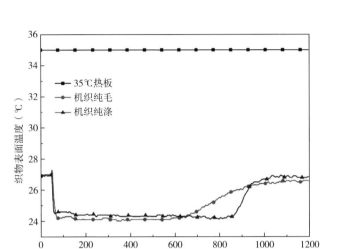

图 3-89　1#和 3#织物运动时表面温度变化曲线

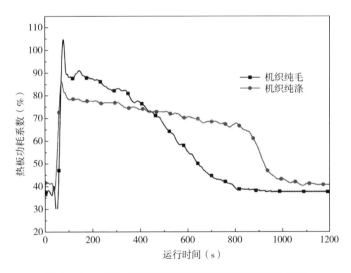

图 3-90　1#和 3#织物运动时热板功耗系数变化曲线

从图 3-89 可以看出，相同回潮率下织物以速度 1.88m/s 运动时，其表面温度变化趋势符合图 3-76 温度变化模型，但对图 3-89 中的两组不同组成材料的织物表面温度曲线而言，存在一定的差异。可以看出，机织纯毛面料在运行 600s 时，其表面温度开始逐渐上升，直至 1100s 时，达到测试起始时的表面温度。而机织纯涤面料表面温度是从 850s 处开始迅速上升，至 1100s 处达到测试起始时的表面温度。同时，机织纯毛面料在第4阶段的温度上升速率远小于机织纯涤面料，造成这种温差变化可能是由于组成织物材料本身不同。纯毛面料内部含有大量的亲水基团，在其放湿过程中由于纤维内部存在大量的分子间结合水，纤维表面水蒸气密度扩散到周围大气环境相对比较缓慢。而纯涤面料纤维内部的分子间结合水较少，纤维内液态水可以直接吸收纤维本身的能量而转成水蒸气扩散到周围环境中，不用考虑分子间结合水能量的转换过程，因此其液态水的蒸发速率大于机织纯毛的蒸发速率。

图3-90是相同回潮率1#机织纯毛织物和3#纯涤织物以速度1.88m/s运动时热板散热功耗系数的变化曲线。从图中可以看出，虽然覆盖热板的织物的组成材料不同，但热板的功耗系数变化趋势同样符合图3-77热板功耗系数变化模型，并且功耗系数的变化差别主要集中在图3-77模型中的第3、第4两个阶段，其中覆盖机织纯毛面料热板的第3阶段所需时间明显小于覆盖机织纯涤面料所需时间，同时在覆盖机织纯毛面料热板的第4阶段热板功率变化率（即斜率）明显小于机织纯涤面料的功率变化率。造成这种功率变化的原因主要是组成织物材料本身对液态水吸附机理不同。

本节利用自行研制的运动状态下织物热湿性能测试仪对不同回潮率、不同组成材料、不同运动速度的织物采用两种不同测试方法进行了热湿性能测试，通过测试织物表面温度的变化以及热板功耗系数变化，发现织物在运动状态下的放湿有以下规律。

（1）当不同回潮率的织物与热板均处于静止状态时，织物表面温度均呈现迅速下降—保持稳定—逐渐上升的变化规律，热板的功耗系数或者热板功率呈迅速上升—保持稳定—逐渐下降的变化规律。在整个放湿过程中，放湿时间随着回潮率的增加呈线性增加趋势，并且主要决定于第三阶段的放湿时间。

（2）对于不同回潮率的织物以一定速度运动时，其表面温度和热板功耗变化符合温度变化模型和热板功率变化模型，并且织物的回潮率与蒸发所需时间呈线性相关。

（3）对于相同回潮率的织物以不同速度运动时，其蒸发速率随运动速度的增加呈线性增加，并且织物表面温度下降量随运动速度的增加也呈线性下降趋势。对于覆盖织物的热板散热功率而言，其变化呈线性增加至最大功率的变化趋势。对于相同回潮率、不同材料组成的织物以一定速度运动时，疏水材料的织物表面温度变化较亲水材料更明显。

第四章

面料在微气候中的热湿舒适性评价

第一节 织物动态热湿性能测试仪的研制

一、 仪器的基本结构

织物动态热湿性能测试仪的基本结构如图4-1所示。

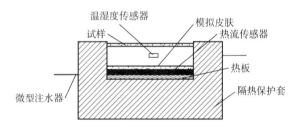

图4-1 织物动态热湿性能测试仪的基本结构示意图

为了减少微气候区温湿度分布不匀的影响，将仪器制成圆筒形。为使热湿传递沿垂直于试样的一维方向进行，除试样表面暴露于环境外，底部及四周均有内衬聚氨酯泡沫塑料的有机玻璃外壳作隔热保护层。试样的热湿传递有效面积为 $0.00785m^2$（直径10cm），用橡胶圈将试样箍在有凹槽的试样架上（图4-2）。

热板为镍铬电阻丝，呈圆环状均匀分布于厚3mm的铜板上，采用25V稳压直流供电加热，在用直流给热板供电时，热流传感器的输出信号比交流供电时稳定，波动要小，热板的功率为6W，使用WMNK400型温度控制器控制通电时间，使热板的温度保持恒温35℃（相当于人体皮下温度），WMNK400型温度控制器的原理如图4-3所示。

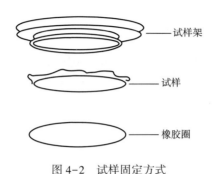

图 4-2 试样固定方式

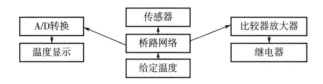

图 4-3 WMNK400 型温度控制器原理图

当温度控制器中的感温元件热敏电阻随工作场所温度变化而变化时，温度信号由传感器送到桥路网络，然后产生控温信号和测温信号。控温信号送往比较器和放大器线路，去控制执行机构——继电器，当温度尚未达到给定温度时，继电器线圈中有电流，此时继电器常开触点吸合，使热板中的电阻丝通电加热，当温度达到给定温度时，继电器线圈中没有电流通过，继电器常开触点不吸合，电阻丝停止加热，如此周而复始，使热板保持恒温，控制环境温度约为50℃，精度为0.1℃。

二、 传感器的选择

（一）热流传感器的选择

热流传感器是把热流量转换成电信号的传感器。根据本节测试织物动态热湿性能的要求选择热阻式热流传感器，热阻式传感器又称温度梯度型传感器，是应用最普遍的一类传感器，这类传感器可使输出信号变大，灵敏度较高。这种传感器的原理（图 4-4）是，当一定的热流垂直通过热流传感器时，在其基板热阻层上就产生了温度梯度，根据傅里叶定律（一维）就可以得到通过热流传感器的热流 H（W/m²）的大小，式（4-1）中负号只是表示热流的方向与温度梯度的方向相反。

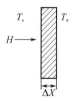

图4-4　热流传感器原理示意图

$$H = -\lambda \frac{\Delta T}{\Delta X} \qquad (4-1)$$

式中：λ 为材料的导热系数 [W/(m·K)]；ΔT 为基板两等温面的温差 (K)，即 $T_a - T_s$；ΔX 为基板两等温面的距离 (m)。

由于热流传感器基板（热阻板）两边的温差很小，常常只有零点几度，因此采用的温差检测元件是热电堆（图4-5），这样可以获得较大的输出电压。

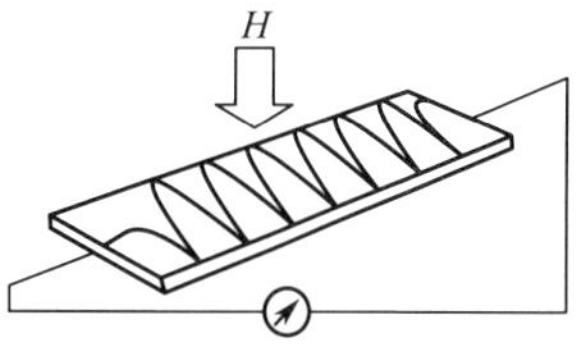

装在基板上的热电堆，由几百对铜—康铜热电堆组成，由它测出基板两侧的温度差，其输出电压 E (mV) 为：

图4-5　热电堆结构示意图

$$E = e_0 \times n \times \Delta T \qquad (4-2)$$

式中：e_0 为热电偶材料的热电系数 (mV/℃)；n 为热电偶的对数。

令 $C = \dfrac{\lambda}{e_0 n \Delta X}$，于是有：

$$H = C \times E \qquad (4-3)$$

传感器的测头系数 C [W/(m²·mV)] 是热阻式热流传感器最重要的性能参数，C 的大小取决于材料的性能、结构、尺寸。其物理意义是当大小为 C 的热流垂直通过热流传感器时，传感器产生 1mV 的电动势，其数值的大小反映了热流传感器的灵敏度。显然，C 值越小，传感器越灵敏，有的文献把 C 值的倒数称为灵敏度。通过增加热电偶的对数 n，可以提高灵敏度，但同时又导致热电堆内阻的增大，给检测采集增加了难度。与热电堆相配的仪表必须是高输入阻抗的，保证不从热电堆输出电流，否则，测出的是端电压而不是电动势。C 确定后，由其输出的电压即可通过式（4-3）求得热流的大小。

影响传感器测头系数的主要因素是温度，其经验公式为：

$$C = C_0 [1 - a(t - t_0)] \tag{4-4}$$

式中：C，C_0 分别为温度 t，t_0 时的传感器测头系数 $[W/(m^2 \cdot mV)]$；a 为热流传感器的温度修正系数（$1/℃$）。

一般 $a = 0.0018 \sim 0.00241/℃$，对于用来测量模拟皮肤热损失的热流传感器，由于热板温度（35℃）固定不变，所以不考虑温度变化对传感器系数的影响，把传感器系数看成一个不随温度变化的常数，这样，热流传感器的输出电压与热流大小符合线性关系。本试验中，固定热板温度、改变环境温度，测得某材料覆盖在热流传感器上时的热流传感器的输出电压 E 和热板与环境温差 ΔT（$T_s - T_a$）的关系如图 4-6 所示，由于热流的大小是与温差的大小成正比的，因此输出电压与热流具有良好的线性关系。

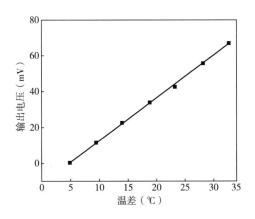

图 4-6　热流传感器输出电压与温差的关系

（二）温度传感器的选择

热电阻是利用物质在温度变化时本身的电阻也随着发生变化的特性来测量温度的，其主要的材料有铂、铜、镍，铂热电阻具有良好的稳定性和测量精度，主要用于高精度的温度测量和标准测温装置，是经典的温度传感器，但这一类传感器体积较大。虽然热电偶测温范围宽、测量精度好，但对引线（补偿导线）有特定的要求，另外还要进行冷端补偿。PN 结温度传感器是利用二极管的结电压随温度改变的特性，温度每升高 1℃，PN 结的结电压就下降 2mV，且线性好，如图 4-7 所示。

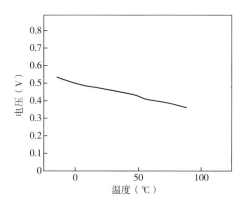

图 4-7　PN 结的温度特性

　　PN 结温度传感器与热电阻相比尺寸小，可以做到直径 1mm 或更小，灵敏度高、稳定性好。集成半导体温度传感器则是把感温部分（PN 结）、放大部分和补偿部分封装在同一管壳里，使用起来更加方便简单，但体积也比 PN 结温度传感器要大。综上所述，本节选用 PN 结温度传感器，其大小为直径 2mm 的球状，精度 0.1℃，热时间常数 0.2~2s。

（三）湿度传感器的选择

　　陶瓷湿敏元件稳定性好，但湿滞大、温度系数大、体积较大、非线性大。高分子膜湿敏元件在玻璃基片上做一个电极，在其上薄涂一层聚合物（1μm），另一个电极为一层可透气的金属薄膜（0.01μm 左右），相对湿度的变化会影响聚合物的介电常数，从而改变元件的电容值。图 4-8 显示的是高分子膜湿度传感器的湿度特性。

　　电容信号小且易受干扰，需在电路的设计上采取措施，将预处理电路装在安放温湿度传感器的测试杆上（图 4-9），预处理电路先将电容信号转换成脉冲信号，然后通过引线传输到采集器进行进一步的处理，这样就克服了引线电容对传感器信号的影响，预处理电路采用微型集成电路芯片和微型电阻电容，体积可以满足使用要求。

　　本节选用的高分子膜湿度传感器尺寸为 7mm（长）×5mm（宽）×1mm（厚），响应时间小于 5s，精度 3%RH。

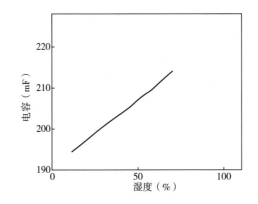

图4-8　高分子膜湿度传感器的湿度特性

图4-9　预处理电路在测试杆的位置

三、 信号的采集

热流 H、温度 T、湿度 RH 信号的采集框图如图4-10所示。它主要由放大电路、A/D转换器和以8XC552为核心的单片机组成。放大电路主要将传感器输出的微弱信号放大，满足A/D转换器对输入信号的要求；A/D转换器将放大后的模拟信号转换成数字信号；单片机完成信号的采集、存储、预处理以及和上位机的通信。

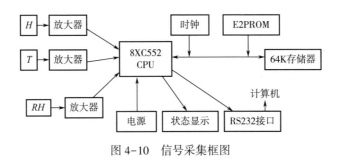

图4-10　信号采集框图

由传感器出来的电信号很微弱需要进行放大，且本实验要求的测量精度较高，故放大器选用美国亚诺德半导体技术有限公司生产的仪器用放大芯片OP 系列精密运算放大器，外围电阻电容全部采用精密电阻和精密电容，以保证放大电路的测量精度和稳定性。A/D 转换器采用 8XC552 中自带的 AD521转换器，它是 10 位逐次比较 A/D 转换器，转换时间为 50μs，转换通道可扩展为 32 路。微处理器采用飞利浦（Philips）公司生产的 8XC552 单片机，配以64K 的静态存储器，时钟基准（8CF8583）用于采集周期定时。扩展E2PROM（PCF8582A）用于采集器基本工作参数的存储，同时还扩展 RS232标准通信接口，用于与上位计算机通信。

四、标定

经放大调整后的热流、温度、湿度的电压信号 V_H、V_T、V_{RH} 以及 A/D 转换基准电压 V_0、V_m 经 A/D 转换后相对应的采集值有 N_H、N_T、N_{RH}、N_0、N_m（图 4-11），此时的 N_H、N_T、N_{RH} 并不直接代表热流、温度、湿度的大小，为了将其转换成实际的热流值、温度值、湿度值，必须进行标定。

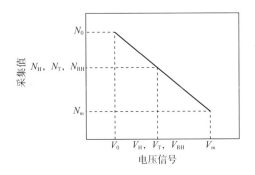

图 4-11　电压信号与采集值间的关系

令：

$$K_H = \frac{N_H - N_m}{N_0 - N_m} \qquad (4-5)$$

$$K_T = \frac{N_T - N_m}{N_0 - N_m} \qquad (4-6)$$

$$K_{RH} = \frac{N_{RH} - N_m}{N_0 - N_m} \qquad (4-7)$$

（一）热流的标定

利用标准热流传感器的测头系数 C_0 与输出电压 E_0 就可以算出热流 H 的大小，于是由待测热流传感器的输出电压 E 就可以确定其测头系数 C 大小。

$$C = \frac{H}{E} = \frac{C_0 E_0}{E} \tag{4-8}$$

这种方法标定的准确度主要取决于标准热流传感器的准确度，此外，还受到装置中热板和冷板温度控制精度的影响以及边缘热损失的影响。经标定，热流传感器的测头系数为 $4.925\text{W}/(\text{m}^2 \cdot \text{mV})$。

根据热流传感器测头系数 C 的大小，用直流电压信号模拟标准热流进行标定，实测结果见表4-1，热流大小与 K_H 的关系如图4-12所示。

表4-1　热流传感器的标定

直流电压(mV)	0.1	89.0	165.3	269.9	342.8	449.6	456.4
热流(W/m²)	0.4925	438.3	814.1	1329.3	1688.3	2214.3	2247.8
K_H	0.1449	0.4054	0.6286	0.9353	1.1496	1.4658	1.4940

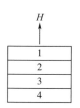

图4-12　比较法标定热流传感器测头系数

1—热板　2—待标定传感器　3—标准传感器　4—冷板

于是，回归方程为：

$$H = 237.95 + 1670.85 K_H \tag{4-9}$$

相关系数 $R = 0.99998$。

（二）温度的标定

将温度传感器放入恒温水中进行标定，由于传感器使用的温度范围较窄，标定时选择高温40℃、低温20℃进行。经测试，40℃时，$K_1 = 1.4103$；20℃时，$K_2 = 0.9340$。于是，回归方程为：

$$T = -19.22 + 41.99 K_T \tag{4-10}$$

（三）湿度的标定

由于湿度传感器受温度的影响较大，于是在不同温度条件下通过标准湿度箱对湿度传感器进行标定，标定的结果见表 4-2，湿度标定值与标准值的关系如图 4-13 所示。

表 4-2　不同温湿度条件下 K

湿度（%）	40	50	60	70	80	90	95
20℃	0.9306	0.8527	0.7626	0.6639	0.5596	0.4418	0.3932
30℃	0.8649	0.7726	0.6815	0.5908	0.4887	0.3842	0.3320
40℃	0.8415	0.7557	0.6600	0.5619	0.4430	0.3098	0.2502

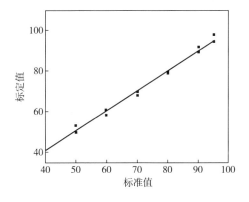

图 4-13　湿度的标定值与标准值的关系

由表 4-2 的数据通过回归得到标定值与标准值的回归方程：

$$H = 144.35 - 0.552T - 97.928K_{RH} \tag{4-11}$$

五、仪器的功能

（一）动态测试

给模拟皮肤注入一定量的水后，仪器便将随时间变化的温度、湿度、热流信号采集下来（每 10s 钟采集一次），以数据文件的形式存在磁盘中，见表 4-3。根据需要可以随意对数据文件进行各种处理，如将温度、湿度、热流的数据分别绘制成曲线，如图 4-14～图 4-16 所示。

表 4-3　温度、湿度、热流数据文件

时间（10s）	温度（℃）	湿度（%）	热流（W/m²）
0	29.39	40.62	171.85
1	29.41	40.61	171.85
2	29.44	40.55	169.28
3	29.44	40.65	169.49
4	29.46	40.59	170.35
……	……	……	……
81	28.11	67.05	251.66
82	28.00	67.35	249.95
83	27.9	67.37	248.49
……	……	……	……
171	29.11	41.64	167.13
172	29.10	41.79	167.78
173	29.10	41.84	169.49
……	……	……	……

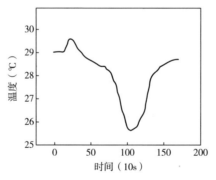

图 4-14　温度—时间曲线

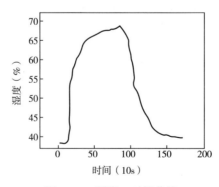

图 4-15　湿度—时间曲线

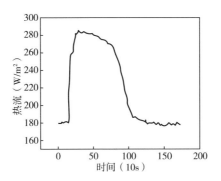

图 4-16　热流—时间曲线

（二）稳态测试

稳态测试时该仪器可以测试织物的热阻、湿阻、透湿指数等指标。

1. 热阻的测试

不放试样，取掉模拟皮肤，仪器本身的基本热阻 R_{d0}（$m^2 \cdot K/W$）可以通过热板的温度 T_s（K）、环境温度 T_a（K）以及热流传感器热流 H（W/m^2）的大小来确定。

$$R_{d0} = \frac{T_s - T_a}{H} \tag{4-12}$$

将试样平铺在热流传感器上，可测试试样的热阻 R_{df}（$m^2 \cdot K/W$）。

$$R_{df} = \frac{T_s - T_a}{H} - R_{d0} \tag{4-13}$$

2. 湿阻的测试

湿阻的测定要保持供水槽水位一定，连续向模拟皮肤供水使模拟皮肤总是保持完全湿润，并使环境温度与热板温度相等。不放试样通过测定热板温度下的饱和水蒸气压 P_s（Pa）、环境中的水蒸气分压 P_a（Pa）以及热流传感器热流 H（W/m^2）的大小来确定仪器本身的基本湿阻 R_{e0}（$m^2 \cdot Pa/W$）。

$$R_{e0} = \frac{P_s - P_a}{H} \tag{4-14}$$

将试样平铺在模拟皮肤上，可测试试样的湿阻 R_{ef}（$m^2 \cdot Pa/W$）。

$$R_{ef} = \frac{P_s - P_a}{H} - R_{e0} \tag{4-15}$$

于是，试样的透湿指数 i_m 为：

$$i_m = S \times \frac{R_{df}}{R_{ef}} \tag{4-16}$$

式中：$S = 60Pa/K$ 或 $0.45mmHg/℃$。

六、 仪器的灵敏度

（一）热流传感器

由温差驱动的热流 H_d 和由湿差驱动的热流 H_e。分别为：

$$H_d = \frac{T_s - T_a}{R_{d0} + R_{df}} \tag{4-17}$$

$$H_e = \frac{P_s - P_a}{R_{e0} + R_{ef}} \tag{4-18}$$

当测试不同的织物试样，热阻 R_{df}、湿阻 R_{ef} 发生变化时，将会引起热流多大的变化，分别对热阻 R_{df}、湿阻 R_{ef} 求导得：

$$\frac{dH_d}{dR_{df}} = -\frac{T_s - T_a}{(R_{d0} + R_{df})^2} \tag{4-19}$$

$$\frac{dH_e}{dR_{ef}} = -\frac{P_s - P_a}{(R_{e0} + R_{ef})^2} \tag{4-20}$$

显然，导数越大，则仪器的灵敏度越高，从式（4-19）和式（4-20）可以看出，为了提高仪器的灵敏度，就必须降低仪器本身的热阻、湿阻。

仪器本身的热阻包括热流传感器的热阻 R_{dH}、模拟皮肤的热阻 R_{ds}、模拟皮肤与试样间空气层的热阻 R_{dg}，以及空气附面层的热阻 R_{da}，即：

$$R_{d0} = R_{dH} + R_{ds} + R_{dg} + R_{da} \tag{4-21}$$

R_{dH} 可以通过选用薄片型热流传感器而减小；R_{ds} 可以通过水扩散性能好且薄的材料而减小，单独测热阻时，可以取掉模拟皮肤；R_{dg} 可以通过减少甚至取消（根据需要）空气层而减小；R_{da} 可以通过加快空气流速而减小。

仪器本身的湿阻包括模拟皮肤的湿阻 R_{es}、空气夹层的湿阻 R_{eg} 以及空气附面层的湿阻 R_{ea}，即：

$$R_{e0} = R_{es} + R_{eg} + R_{ea} \tag{4-22}$$

仪器本身的湿阻可以通过与减小仪器本身的热阻同样的办法来实现。

（二）微气候区的温湿度

由于温湿度传感器处于微气候区，为方便分析，将模拟皮肤和试样间的空气夹层的热阻 R_{dg} 分成传感器到模拟皮肤间的热阻 R_{dg1} 和传感器到试样间的热阻 R_{dg2} 两部分，同样，将模拟皮肤和试样间的空气夹层的湿阻 R_{eg} 分成传感器到模拟皮肤间的湿阻 R_{eg1} 和传感器到试样间的湿阻 R_{eg2} 两部分。于是由温差驱动的热流 H_d 可表示为：

$$H_d = \frac{T_s - T_a}{R_{dH} + R_{ds} + R_{dg1} + R_{dg2} + R_{da} + R_{df}} \tag{4-23}$$

温度传感器处的温度 T 为：

$$T = T_a + H_d (R_{da} + R_{df} + R_{dg2}) \tag{4-24}$$

$$\frac{dT}{dR_{df}} = \frac{(T_s - T_a)(R_{dH} + R_{ds} + R_{dg1})}{(R_{dH} + R_{ds} + R_{dg1} + R_{dg2} + R_{da} + R_{df})^2} \tag{4-25}$$

显然，降低 R_{dg2} 及 R_{da} 可以提高温度传感器检测时的灵敏度，即让温度传感器离织物更近一点。同样，对于湿度传感器处的湿度 P，让湿度传感器离织物近一点，也可以增加其对织物湿阻变化的灵敏度，用公式可表示为：

$$\frac{dP}{dR_{ef}} = \frac{(P_s - P_a)(R_{es} + R_{eg1})}{(R_{es} + R_{eg1} + R_{eg2} + R_{ea} + R_{df})^2} \tag{4-26}$$

热流传感器由于和试样同样大小，它实际测试了织物的平均性能，而温湿度传感器测试的只是微气候区某一点的温湿度值，并且微气候区的温湿度（同一平面）也难以一致，对于动态测试更是如此，从这一点来看，用热流传感器测试较为理想。但当这两种方式同时进行时，由于微气候区空气层的存在，大大降低了热流传感器的测试灵敏度。人的皮肤出汗部分和感觉部分完全是一体的，而热流传感器（相当于感觉部分）和模拟皮肤（相当于出汗部分）是各自独立的，并且由于模拟皮肤的存在，给热流传感器又附加了热阻和湿阻，因此离完全模拟人体皮肤的情况还有很大的差距，如何缩小它们间的差距，这也许将成为今后的一个研究方向。

第二节 织物稳态热湿性能的测试分析

一、 织物试样的准备

织物试样选择了纯毛、纯棉、丝绸、苎麻、亚麻、纯涤纶、涤棉混纺、涤棉交织、毛涤混纺、丙棉交织等35种织物，大多是轻薄的夏季服装面料，除2块为斜纹织物外，其余全部为平纹织物，试样的规格见表4-4，试样的性能见表4-5。织物的克重、厚度、透气性、回潮率、经纬密均按有关国家标准进行测试，织物的热阻、湿阻的测量参照纺织行业标准——纺织品稳态条件下热阻和湿阻的测定（FZ/T 01029—1993）进行测试。测量热阻、湿阻时热板温度均控制在35℃，测量热阻时，恒温恒湿箱的温度控制在20℃，湿度控制在30%RH；测量湿阻时，恒温恒湿箱的温度与热板的温度均为35℃，湿度为30% RH，恒温恒湿箱的温湿度控制精度为±0.1℃，±3% RH，箱内风速为0.6m/s。

表4-4 试样的规格

编号	材料	颜色	组织	经纬密（根/10cm）	备注
1#	W100	本色	平纹	271×205	本色纯毛
2#	W100	浅黑	平纹	255×193	—
3#	W100	黑色	平纹	309×261	100支全毛薄花呢
4#	C100	本色	平纹	281×262	本色纯棉
5#	C100	白色	平纹	666×345	120英支纯棉纱
6#	C100	浅蓝	平纹	275×277	—
7#	C100	白色	平纹	562×268	40英支纯棉纱
8#	S100	蓝花	平纹	611×435	—
9#	S100	绿色	平纹	595×415	—
10#	S100	紫红	平纹	654×486	—
11#	纯兰麻	泥黄	平纹	258×217	—
12#	纯亚麻	白色	平纹	226×205	—
13#	T100	白色	平纹	421×393	超细涤纶长丝
14#	T100	深蓝	平纹	230×224	300旦涤纶三异丝

续表

编号	材料	颜色	组织	经纬密(根/10cm)	备注
15#	T/C	绿白	平纹	396×252	—
16#	T/C	绿白	平纹	210×180	—
17#	T80C20	白色	平纹	417×374	—
18#	T65C35	黄色	$\frac{2}{2}$左斜	580×300	36英支精梳涤棉纱卡
19#	T65C35	米黄	平纹	468×296	45英支精梳涤棉细布
20#	T40C60	蓝花格	平纹	447×309	涤棉倒比例
21#	T4C55	白色	平纹	421×310	CVC面料
22#	W70T30	黑色	平纹	268×246	80支精梳毛涤织物
23#	W45T55	绿色	$\frac{2}{2}$右斜	328×264	56/2涤毛哔叽
24#	W70T30	绿色	平纹	226×220	50/2毛涤凡立丁
25#	PP/C	浅蓝	平纹	409×212	—
26#	T100	泥黄格	平纹	310×262	2.5旦中空涤纶
27#	T65C35	白色	平纹	450×180	经纬纱线均为精梳纱45英支 T/C65/35,经密相同纬密不同
28#	T65C35	白色	平纹	450×208	
29#	T65C35	白色	平纹	450×292	—
30#	T65C35	白色	平纹	450×324	—
31#	T65C35	白色	平纹	450×358	—
32#	T100	绿色	平纹	220×323	经纬纱均为345旦涤纶长丝, 经密相同,纬密不同
33#	T100	绿色	平纹	220×283	
34#	T100	绿色	平纹	220×252	
35#	T100	绿色	平纹	220×402	

注:W—毛纤维;C—棉纤维;S—丝纤维;T—涤纶;PP—丙纶。

表4-5 试样的性能

试样号	克量 (g/m²)	厚度 (mm)	透气性 [mL/(cm²·s)]	回潮率(%)	热阻×10⁻³ (K·m²/W)	湿阻 (m²·Pa/W)
1#	191.7	0.35	26.4	7.82	11.340	5.241
2#	203.7	0.42	25.4	9.28	11.119	5.829
3#	128.3	0.25	49.4	8.40	9.727	4.010
4#	171.7	0.35	44.0	3.74	10.939	5.541
5#	102.5	0.23	16.2	3.81	9.243	4.415
6#	106.1	0.28	52.4	4.73	10.500	4.677

续表

试样号	克量 （g/m²）	厚度 （mm）	透气性 [mL/(cm²·s)]	回潮率(%)	热阻×10⁻³ （K·m²/W）	湿阻 （m²·Pa/W）
7#	119.7	0.22	21.3	3.82	9.386	4.445
8#	81.0	0.18	96.4	3.90	7.528	2.671
9#	59.1	0.17	112.0	4.91	7.296	2.502
10#	75.1	0.17	69.1	4.99	7.419	2.693
11#	180.9	0.30	40.8	5.34	10.599	4.765
12#	122.0	0.25	132.0	4.01	9.857	3.457
13#	77.3	0.17	36.7	0.12	7.193	2.704
14#	178.4	0.38	95.1	0.13	11.056	5.419
15#	114.9	0.22	36.9	1.10	9.842	4.837
16#	143.7	0.30	76.1	0.89	10.324	4.679
17#	87.9	0.18	26.8	1.17	8.976	3.221
18#	186.9	0.30	12.5	1.71	10.242	4.924
19#	96.1	0.18	88.2	1.80	9.327	3.083
20#	118.1	0.24	68.3	2.62	9.728	3.932
21#	100.1	0.19	76.6	3.87	9.478	3.129
22#	137.3	0.26	44.2	5.12	10.158	4.476
23#	219.6	0.38	26.2	4.09	11.079	5.828
24#	186.5	0.34	29.6	5.11	10.712	5.167
25#	112.4	0.31	55.1	2.19	10.372	4.764
26#	109.1	0.28	149.0	0.99	10.870	4.397
27#	84.0	0.23	197.0	1.78	9.967	2.911
28#	89.7	0.22	157.0	2.06	9.858	3.109
29#	108.7	0.21	68.8	2.17	9.755	3.272
30#	109.5	0.21	56.9	2.00	9.369	3.556
31#	117.9	0.21	44.1	2.01	9.546	3.700
32#	183.4	0.36	88.8	0.35	10.801	5.359
33#	174.3	0.38	108.0	0.45	10.907	5.459
34#	164.0	0.37	127.0	0.45	10.799	5.157
35#	205.7	0.35	49.8	0.34	10.639	5.570

二、 织物稳态热湿性能分析

稳态条件下织物的热湿性能可以通过织物的热阻与湿阻来表征。为了探讨织物的热阻 R_{df} 与织物基本性能的关系，以织物的克重 X_1、厚度 X_2、透气性 X_3、回潮率 X_4 为自变量进行多元逐步回归统计，得到回归方程：

$$R_{df} = 6.471 + 12.656X_2 \tag{4-27}$$

相关系数 $R = 0.8499$，显著水平 $a < 0.0001$。显然对织物的热阻起显著影响的是其厚度。

对于织物的湿阻 R_{ef} 同样可以得到式（4-28）：

$$R_{ef} = 1.497 + 12.510X_2 - 0.0069X_3 - 0.0468X_4 \tag{4-28}$$

F 检验：$F = 136.6$，显著水平 $a < 0.0001$。对自变量 X_2、X_3、X_4 的 t 检验分别为：$t_2 = 18.78$，显著水平 $a < 0.0001$；$t_3 = -5.85$，显著水平 $a < 0.0001$；$t_4 = -2.17$，显著水平 $a = 0.042$。

稳态条件下织物的湿阻受织物的厚度、透气性以及吸湿能力（回潮率）的影响，厚度越小，透气性及吸湿能力越大，则湿阻越小。夏季织物的透气性通常较好，水汽主要通过织物的孔隙进行传递，尽管如此，良好的吸湿性相当于增加了织物水汽传递的通道，因此有利于降低其湿阻。因此可以说在稳态条件下，吸湿性好的织物其舒适性更好。

第三节 织物动态热湿舒适性能的研究—通过测量模拟皮肤的热损失

一、 试验方法

试样为本章第二节所列的 35 种织物，测试前在二级标准条件下［温度为 (20 ± 2)℃，相对湿度为 (65 ± 3)%］经过 24h 的调湿处理。根据第一节对仪器灵敏度的分析，为提高热流传感器对织物性能变化的敏感性，直接将试样平铺在模拟皮肤上（模拟皮肤表面铺有厚 1μm 的防水透湿的聚四氟乙烯薄膜，以防止水珠直接黏到试样上），不再另设空气层，如图 4-17 所示，热板温度始终控制在 35℃。测试是在上海爱斯佩克仪器有限公司生产的 PGM-3 型恒温恒湿箱中进行，为了使湿度易于控制，测试时恒温恒湿箱的温度设定为

（20±0.1）℃、相对湿度设定为（30±3）%，箱内风速为 0.6m/s。

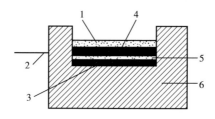

图 4-17 热流法测试织物动态热湿性能示意图

1—试样 2—微型注水器 3—热板 4—模拟皮肤 5—热流传感器 6—隔热保护套

待试样热平衡后，即热损失（热流）曲线变水平，用微型注射器一次性给模拟皮肤注入 0.5mL 35℃的蒸馏水模拟出汗［汗液在 15min 左右干燥，单位面积的出汗量约为 250g/（m² · h），通常人体安静舒适时出汗量仅为 15g/（m² · h）］，在一般炎热条件下可达 100g/（m² · h），在极端炎热条件下甚至可达 500~800g/（m² · h），采集器 10s 采集一次数据，测得热流随时间变化的曲线，直到汗液蒸发完毕且热流又恢复到初始水平后停止采集，结束一次实验，每种织物测试 3 块试样。

二、 热流曲线的基本形状及重复性

在模拟皮肤出汗—蒸发—干燥的过程中，热流 H 随时间 t 变化的曲线（表 4-4 中 1#试样）如图 4-18 所示。

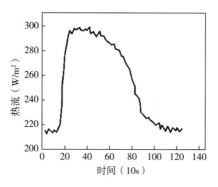

图 4-18 透过织物的热流变化过程

测试时给模拟皮肤注入一定量的水后，模拟皮肤将水迅速地铺开，与此同时，水分不断蒸发并通过织物下的空气层和织物本身向外界环境扩散。注水前，织物下的空气层中的水汽浓度与外界环境的水汽浓度大致相等，注水后，水分开始蒸发，织物下空气层中的水汽浓度迅速升高，而外界环境的水汽浓度始终保持不变，所以织物两侧的水汽浓度梯度迅速提高，水汽扩散速率迅速加快，相应地由水分蒸发从模拟皮肤表面带走的热量也迅速增多，对应图4-18中曲线上升段。随着水汽的不断扩散，织物及织物下空气层中的水汽浓度逐渐增大（此时织物的回潮率也逐渐增大），从模拟皮肤表面蒸发水汽的速率与通过织物系统向外界扩散的水汽速率逐渐趋于相等，此时热流达到最大值，并维持一段时间，对应图4-18中曲线平稳段。随着模拟皮肤表面的水分不断减少，由水分蒸发带走的热量也逐渐减少，对应图4-18中曲线下降段，由于织物中还吸收了部分水分，此时也将逐步蒸发，只有当模拟皮肤和织物均完全干燥时热流的大小才回复到注水前的水平。

在模拟皮肤出汗—蒸发—干燥的过程中，模拟皮肤、织物的热阻也将随着其水分含量的变化而变化，从而也引起热流变化，水分含量增加热阻减小，热流增大。此外，由于汗液的温度高于环境温度，也将带走部分显热，但这些同水分蒸发带走的潜热相比，仍是微不足道的。若不考虑这些因素，则出汗量 M（g）为：

$$M = \frac{A}{C}\int_{t_0}^{t_1}(H - H_0)\,\mathrm{d}t \qquad (4-29)$$

式中：A 为模拟皮肤的有效面积（0.00785m²）；C 为水在模拟皮肤温度时的蒸发潜热（2421J/g）；H、H_0 分别为 t、t_0 时刻的热损失（W/m²）；t_0、t_1 分别为开始注水及热损失又恢复到注水前水平的时刻（s）。

将同一块试样（表4-4中2#织物）测试2次，结果如图4-19所示，从

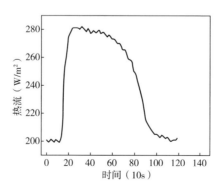

图4-19　热流曲线的重复性

图中可以看出，热流曲线具有非常好的重复性，这是因为热流传感器是由 600 对热电偶构成且均匀分布于整个试样区域，可测得试样的平均性能。

三、 不同织物热流曲线的差异及分析

将每种织物测 3 块试样采集的热流数据进行平均后绘成热流曲线，两种分别代表亲水和疏水织物的试样：表 4-4 中 1#试样（本色纯毛）、14#试样（涤纶三异丝）以及空白（无试样）测试的结果合并在图 4-20 中，由于各试样在模拟皮肤出汗前（即干态时）的热流值存在差异，为便于比较，将各试样的热流值 H 减去初始值 H_0 后的热流曲线绘于图 4-21 中。

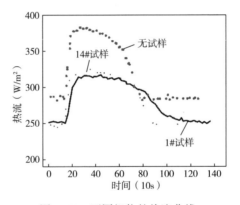

图 4-20　不同织物的热流曲线

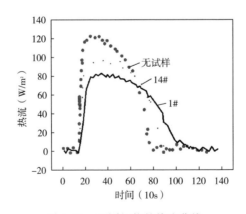

图 4-21　不同织物的热流曲线

从图 4-21 中可以看出，出汗后无试样时汗液蒸发最快，这是由于汗液

蒸发时没有受到织物的阻碍。对比克重和厚度接近的纯毛 1#试样和纯涤14#试样的热流曲线，出汗后纯毛织物的热流上升慢，下降也慢，因而汗液蒸发完毕所耗时间较长，而纯涤织物热流上升快，下降也快，等量汗液蒸发完毕所耗时间较短。其他织物大致介于这两者之间。下面将对这种差异进行分析。

从模拟皮肤蒸发滞留在织物中的水分 M 可能以气体 M_v、液体 M_l 或被纤维吸收 M_a 等三种形式存在，即：

$$M = M_v + M_l + M_a \qquad (4-30)$$

式中：M、M_v、M_l、M_a 分别为织物中水分、气态水、液态水和纤维吸收水的质量（g）。

假定在织物中以气体形式存在的水分满足理想气体定律，则：

$$P_f V = \frac{M_v}{M_w} RT \qquad (4-31)$$

式中：P_f 为织物中的水蒸气分压（Pa）；V 为织物中水蒸气（空隙）的体积（m^3）；M_w 为水蒸气的摩尔质量（g/mol）；R 为普适气体恒量（8.31J/mol·K）；T 为织物中水蒸气的热力学温度（K）。

空气的相对湿度为空气中的水气压与该温度下饱和水气压之比，而纤维的回潮率与空气的相对湿度大致成正比，于是：

$$\frac{M_a}{M_f} = r \frac{P_f}{P_f(T)} \qquad (4-32)$$

式中：M_f 为织物（纤维）干重（g）；r 为织物（纤维）回潮率与空气相对湿度的比例常数；$P_f(T)$ 为温度 T 时织物中的饱和水蒸气压（Pa）。

织物开始吸湿时其内部通常没有液态水存在，即仅有水蒸气和被纤维吸收的水分两种形式，由式（4-30）~式（4-32）得：

$$M = M_v + M_a = \frac{P_f V M_w}{RT} + \frac{r P_f M_f}{P_f(T)} \qquad (4-33)$$

$$P_f = \frac{M}{\dfrac{V M_w}{RT} + \dfrac{r M_f}{P_f T}} = \frac{1}{\dfrac{V M_w}{RTM} + \dfrac{r M_f}{M P_f(T)}} \qquad (4-34)$$

随着织物吸湿的逐步进行，当 $P_f = P_f(T)$ 时，织物内部的水蒸气达到饱和，此时织物内水分为织物中不存在液态水时的极大值 M_{max}：

$$M_{max} = \frac{P_f(T)VM_w}{RT} + rM_f \tag{4-35}$$

当织物中的水分 $M < M_{max}$ 时，织物中的水蒸气分压 P_f，可由式（4-34）计算。当 $M > M_{max}$ 时，即织物中有液态水存在，此时织物的水蒸气压即为该温度下的饱和水蒸气压，可按式（4-36）求得：

$$P_f(T) = 4.5805e^{\frac{17.27T}{273.3+T}} \tag{4-36}$$

而：
$$H - H_0 = \frac{P_s - P_f}{R_{esf}} \tag{4-37}$$

式中：P_s 为模拟皮肤表面水蒸气压（Pa）；R_{esf} 为模拟皮肤与织物间的湿阻（$m^2 \cdot Pa/W$）；H、H_0 分别为 t、t_0 时刻的热损失（W/m^2）。

在模拟皮肤被注水（出汗）后，由于在相当长的时间内模拟皮肤具有足够的水分，因此其表面的水蒸气压即为热板温度 35℃ 下的饱和水蒸气分压 $P_s(T_s)$。

从式（4-34）可以看出，由于 r 和 M 同步增减，因此当 M 增大，T 增大[此时 $P_f(T)$ 也增大]时，P_f 将增大，于是阻碍了模拟皮肤表面汗液的蒸发，即阻碍了模拟皮肤的热损失（热流）。

随着蒸发的进行，模拟皮肤上的水分逐渐减少，当水分量小于某一临界值 M_e 时，模拟皮肤上的水分将不足以维持其在热板温度下的饱和水蒸气压，假定此时模拟皮肤的水量为 M_s，此时 P_s 可按式（4-38）计算：

$$P_s = P_s(T_s)\frac{M_s}{M_e} + P_f\left(1 - \frac{M_s}{M_e}\right) \tag{4-38}$$

此时：
$$P_s - P_f = \frac{M_s}{M_e}\left[P_s(T_s) - P_f\right] \tag{4-39}$$

显然，随着水量 M_s 的减少，水蒸气压差将减小，热流也逐渐减小。在热流下降的过程中，由于毛织物吸收了更多的水分，在放湿阶段具有较高的 P_f，对模拟皮肤上的水汽蒸发阻碍较大，同时毛织物中的水分结合较牢，放湿较慢，这些使毛织物的热流曲线下降慢、延续时间长。

综上所述，由于纯毛织物在汗液开始蒸发时，大量吸湿，阻碍了水分蒸发带走热量，并且由于吸湿放热使织物表面升温，不仅阻碍了热传导散热的进行，也使织物内部水蒸气分压增高，阻碍了模拟皮肤汗液的进一步蒸发，因而纯毛织物的热流上升较慢，达到动态平衡时热流的最大值也小。在热流下降阶段，由于纯毛织物吸收了大量的水分，并且由于亲水基团的存在使这种结合比纯涤织物要牢固得多，因而织物的干燥过程（即放湿）要慢得多，于是热流下降慢，延续时间长。人体动态条件下出汗的目的就是为了散热，使汗液尽快蒸发带走热量，织物尽快干燥，减少人体的湿黏感以及出汗后的冷感是对织物的基本要求，从这一点看来，人体动态条件下使用疏水性的织物比使用亲水性的织物更舒适。

四、 热流曲线的表征及其与织物基本性能的关系

热流曲线虽然由于试样的不同而各不相同，但它们的基本规律是相同的，即都经过了上升、基本平衡、下降再恢复至出汗前水平的过程，因此将热流曲线简化成图 4-22 的模型来进行研究。

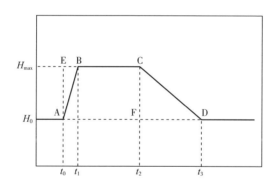

图 4-22　热流曲线变化模型

各试样的热流曲线的初始值 H_0、上升斜率 K_{Hs}、ΔH（$H_{max}-H_0$）下降斜率 K_{Hj}、蒸发所耗的时间 Δt_{00}（t_3-t_0）以及 Δt_{10}（t_1-t_0）、Δt_{21}（t_2-t_1）、Δt_{32}（t_3-t_2）见表 4-6。其中 K_{Hs}、K_{Hj}；分别为 A-B 段、C-D 段数据的拟合直线方程的斜率，H_{max} 为 B-C 段数据的平均值。

表 4-6　热流曲线的特征值

编号	H_0 (W/m²)	K_{Hs} [W/(m²·10s)]	ΔH (W/m²)	K_{Hj} [W/(m²·10s)]	Δt_{00} (10s)	Δt_{10} (10s)	Δt_{21} (10s)	Δt_{32} (10s)
1#	214.7	7.925	77.21	2.169	104	12	48	44
2#	201.4	7.935	75.52	2.317	104	9	48	47
3#	201.7	6.993	75.64	2.372	102	9	49	44

编号	H_0 (W/m²)	K_{Hs} [W/(m²·10s)]	ΔH (W/m²)	K_{Hj} [W/(m²·10s)]	Δt_{00} (10s)	Δt_{10} (10s)	Δt_{21} (10s)	Δt_{32} (10s)
4#	210.8	6.484	81.88	2.406	100	13	41	46
5#	199.5	8.558	81.07	2.367	87	8	42	37
6#	197.7	6.995	82.49	2.283	88	9	40	39
7#	200.4	8.522	83.82	2.450	89	8	43	38
8#	205.4	6.593	81.43	2.731	79	9	41	29
9#	221.2	7.737	83.01	2.752	76	10	43	23
10#	204.5	7.066	80.47	2.634	82	12	43	27
11#	203.9	7.035	83.11	2.579	87	11	42	34
12#	201.1	7.372	84.50	2.514	89	10	44	35
13#	221.3	11.57	93.63	3.664	74	7	44	23
14#	208.8	9.219	88.67	3.405	78	11	45	22
15#	197.8	9.342	83.46	2.830	85	8	49	28
16#	207.4	7.720	78.52	2.883	82	8	48	26
17#	201.9	7.703	85.47	2.935	84	9	48	27
18#	217.5	7.334	87.36	2.708	85	11	43	31
19#	202.9	7.717	82.15	2.770	86	9	48	29
20#	203.9	7.472	81.69	2.426	88	10	44	34
21#	203.2	7.229	81.40	2.510	86	10	46	30
22#	195.5	6.676	81.66	2.471	91	11	44	36
23#	200.2	6.610	81.64	2.488	90	11	47	32
24#	195.8	7.844	78.69	2.392	94	10	53	31
25#	191.0	8.228	82.70	2.452	93	9	50	34
26#	185.1	9.352	91.82	2.826	87	10	47	30
27#	210.0	7.738	87.58	2.832	86	8	51	27
28#	194.5	7.068	86.39	2.795	86	9	52	25
29#	197.1	7.705	83.01	2.659	85	8	52	25
30#	195.5	7.434	86.14	2.772	86	9	53	24
31#	213.4	7.397	84.89	2.775	86	9	51	26

编号	H_0 （W/m²）	K_{Hs} ［W/(m²·10s)］	ΔH （W/m²）	K_{Hj} ［W/(m²·10s)］	Δt_{00} （10s）	Δt_{10} （10s）	Δt_{21} （10s）	Δt_{32} （10s）
32#	203.6	9.641	83.93	2.512	87	8	52	27
33#	199.5	9.632	84.47	2.534	88	8	52	28
34#	200.4	9.671	84.21	2.649	87	9	51	27
35#	201.0	9.941	82.70	2.557	88	8	53	27

在表 4-6 的热流曲线各项特征值中，H_0 实际上反映了织物的热阻特性，通过回归分析：

$$H_0 = 228.11 - 2.53R_{df} \qquad (4-40)$$

式中：R_{df} 为试样的热阻，相关系数 $R = -0.3538$，显著水平 $a = 0.037$，显著相关。

出汗后动态热湿平衡阶段的热流比干态时的增加量 ΔH 与试样湿阻 R_{ef} 有以下关系：

$$\Delta H = 87.30 - 0.962R_{ef} \qquad (4-41)$$

相关系数 $R = -0.2589$，显著水平 $a = 0.133$，二者具有一定的相关性，但不太显著。这说明动态热湿平衡阶段与稳态条件下的情形有较大差别，主要表现为动态测试时织物吸湿放热所引起的温升在动态热湿平衡阶段并不会立即消失，这一点与稳态测试时不同。

对于裸体人来说，如果不考虑人体周围空气附面层影响，那么可以说皮肤出汗与蒸发散热是完全同步进行的，没有滞后现象，但对于穿着服装的人来说，由于服装在人体出汗的过程中参与了吸湿与放湿，产生了两个滞后区域，即图 4-22 中的 A-E-B 区域和 C-F-D 区域。

A-E-B 区域是由出汗后试样的吸湿阻碍水分蒸发以及吸湿放热所引起的。从表 4-5 中可以看出，出汗后热流的上升斜率吸湿性差的织物较大，如纯涤织物，而纯毛、纯棉织物较小，热流上升慢会影响体内积热的及时散发，但上升过程所经历的时间 Δt_{10} 较短，对人体舒适感觉的影响不会很大。热流上升斜率 K_{Hs} 与回潮率 X_4，二者具有以下关系：

$$K_{Hs} = 8.822 - 0.273X_4 \qquad (4-42)$$

相关系数 $R = 0.5561$，显著水平 $a = 0.0005$，显著相关。

图 4-22 中 C-F-D 区域是由于出汗结束后服装中滞留的汗液继续蒸发。

由于此时人体积热已经散发，滞留的汗液不仅使人感到湿黏，还使人产生冷感，并且由于这一过程持续时间较长，将严重影响人体的舒适感觉。热流下降斜率 K_{Hj}；较大时，这一过程持续时间较短，以 K_{Hj} 为因变量，以织物试样的性能参数克重 X_1、厚度 X_2、透气性 X_3、回潮率 X_4 为自变量进行逐步回归分析得：

$$K_{Hj} = 3.165 - 1.086X_2 - 0.076X_4 \qquad (4-43)$$

F 检验：$F = 14.13$，显著水平 $a < 0.0001$，故回归方程高度显著；对自变量 X_2、X_4 的 t 检验分别为 $t_2 = -2.13$，显著水平 $a < 0.0001$，$t_4 = -4.69$，显著水平 $a = 0.041$。K_{Hj} 与织物厚度 X_2、回潮率 X_4 显著相关。由此可知，在织物厚度同样的情况下，吸湿性强的织物带给人不舒适感的时间更长。

从以上分析可以看出，织物的吸湿能力对其动态和稳态热湿舒适性的影响截然相反。在稳态条件下，良好的吸湿性给水汽传递增加了通道，而动态条件下良好的吸湿性却对水汽传递起了屏障作用。

以同种纱线织造的经密相同、纬密不同的织物 27#、31# 为一组，32#、35# 为一组，测试的结果如图 4-23（a）（b）所示，不同织物间尽管透气性相差很大，但热流曲线几乎没有差别。只有当试样与模拟皮肤间隔上一定的空气层，且试样的透气性相差相当大时，透气性的贯通效果才可表现出来，透气性大的试样汗液蒸发快，例如图 4-24 为隔 10mm 空气层时 27# 试样 [透气性为 197mL/（cm² · s）] 和 31# 试样 [透气性为 44.1mL/（cm² · s）] 所测试的结果。而对于一般透气性的试样，由于隔了空气层后热流传感器对织物性能变化的敏感性大大下降，即使完全不同的纤维，其热流曲线也几乎没有差别，

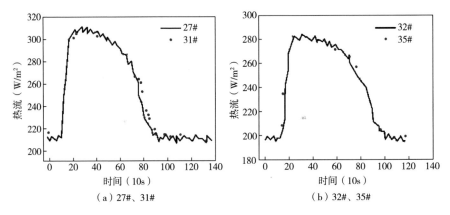

图 4-23　试样平铺在模拟皮肤上时透气性对热流的影响

如图 4-25 所示。因此，通过测量模拟皮肤热损失研究试样的性能时，应当将试样平铺在模拟皮肤上进行。

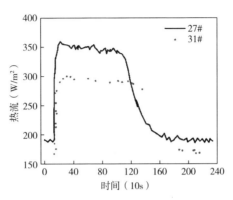

图 4-24　隔空气层后透气性差别很大的试样的热流曲线

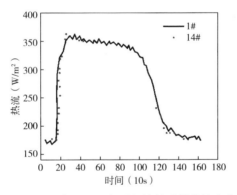

图 4-25　隔空气层后一般透气性的试样的热流曲线

第四节　织物动态热湿舒适性能的研究—通过测量微气候的温湿度

一、试验方法

通过测量微气候区的温湿度来研究织物的动态热湿舒适性能的测试简图已显示在图 4-1 中。试样与模拟皮肤之间的距离是 10mm，按第一节中关于仪器灵敏度的分析，传感器的位置与试样较接近时，传感器对试样性能的变化比较敏感，但由于温湿度的测量不像热流传感器那样测量了织物的平均性能，它测量的只是某一点的温湿度，如果靠试样太近，反而缺乏代表性，并且由于微气候区空气层同样具有热阻与湿阻，为使测量的温湿度尽可能代表微气候区的平均水平，将温湿度传感器设置在微气候区的中部，即传感器处于微气候区的圆心，离试样和模拟皮肤的距离各5mm。待试样热平衡后，通过微型注水器一次性注入 0.5mL 35℃的蒸馏水［汗液 20min 左右干燥即出汗量约为 200g/（m^2·h）］，采集器每 10s 采集一次数据，测得微气候区温度和相对湿度随时间变化的曲线。测试前试样在二级标准条件下经过 24h 的调湿处理，测试是在温度为（20±0.1）℃、相对湿度为（30±3）%、风速为 0.6m/s 的恒温恒湿箱中完成。

测得的温湿度曲线分别如图 4-26、图 4-27 所示。图中每种织物的曲线为三块试样的平均值，图中试样编号见表 4-4。

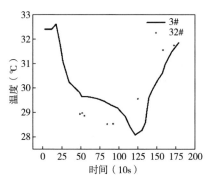

图 4-26　微气候区的温度曲线

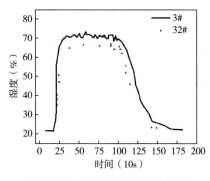

图 4-27　微气候区的湿度曲线

从图 4-26 可以看出，微气候区的温度变化曲线开始出现一小高峰，这一小高峰 3#纯毛试样比 32#纯涤纶试样要稍高。这是由于模拟皮肤出汗蒸发的水汽被织物吸收释放出热量（包含纤维吸湿放热），导致温度升高，这将阻碍热量的散发，但这一过程持续的时间很短，对全过程影响不大。汗液蒸发不仅要从模拟皮肤表面带走热量，还要从微气候区吸收热量，这样随着蒸发的进行，微气候区的温度逐渐降低，当蒸发减少到热板补偿给微气候区的热量大于水汽带走的热量时，温度开始回升并逐步恢复到原有水平。

从图 4-27 可以看出，皮肤出汗以后，由于汗液的蒸发，微气候区的水汽量增加，湿度上升，之后在新的水平下达到动态平衡，随着皮肤表面蒸发量的减少，微气候区的湿度逐渐降低，最终又恢复到出汗前的水平。

温湿度曲线也具有较好的重复性，图 4-28、图 4-29 分别为对同一块试样测量两次的温湿度曲线。

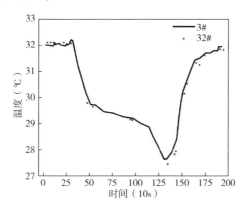

图 4-28　微气候区温度曲线的重复性

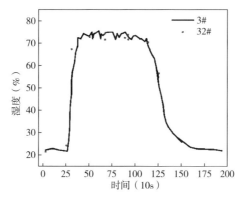

图 4-29　微气候区湿度曲线的重复性

二、 温度曲线及其与织物基本性能的关系

人体动态（显汗）条件下，皮肤出汗以后，人体皮肤与服装间微气候区的温度下降越快，越有利于皮肤尽快散热，但在出汗结束以后，又希望温度尽快回升，这样可以减少出汗后产生的冷感。因此在模拟皮肤出汗—蒸发—干燥的过程中，希望微气候区的温度下降快，上升也快。温度的下降速率通过开始出汗的时刻 t_0 到温度下降到最低点的时刻 t_1 间温度曲线的拟合直线的斜率 K_{Tj}（℃/10s）来表示，温度的上升速率通过温度下降到最低点的时刻 t_1 到再过 5min（30 个 10s），即 t_1+5min 时刻这之间温度曲线的拟合直线的斜率 K_{Ts}（℃/10s）来表示（图 4-30）。测试试样的温度曲线的初始温度值 T_0（℃）、下降斜率 K_{Tj}、最低温度值 T_{min}（℃）、下降到最低温度时需要的时间 Δt（t_1-t_0）、上升斜率 K_{Ts} 见表 4-7，由于吸湿放热的过程时间很短，并且有些试样的吸湿放热很不明显，所以吸湿放热的温升不单独列出，事实上，由于温度的下降斜率是采用的拟合形式，吸湿放热升温的影响已包含在斜率中了。

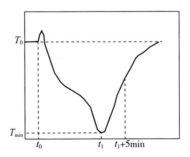

图 4-30　微气候区温度变化模型

表 4-7　微气候区温度曲线的特征值

编号	T_0（℃）	K_{Tj}（℃/10s）	T_{min}（℃）	Δt（10s）	K_{Ts}（℃/10s）
1#	32.0	0.0281	28.5	115	0.104
3#	32.4	0.0297	28.1	113	0.093
4#	31.9	0.0290	27.8	114	0.120
5#	32.6	0.0300	28.4	113	0.130
10#	32.2	0.0343	27.9	107	0.137

续表

编号	T_0($℃$)	K_{Tj}($℃/10s$)	T_{min}($℃$)	Δt($10s$)	K_{Ts}($℃/10s$)
12#	31.7	0.0450	27.1	91	0.145
14#	31.2	0.0342	28.0	87	0.126
15#	32.3	0.0283	28.0	116	0.139
16#	32.3	0.0320	28.0	110	0.141
18#	32.0	0.0271	28.5	110	0.108
19#	32.1	0.0330	28.0	100	0.119
20#	32.4	0.0311	28.0	105	0.111
24#	32.8	0.0307	28.7	108	0.100
32#	32.1	0.0341	27.9	100	0.124
33#	31.9	0.0354	27.6	96	0.128
34#	31.8	0.0371	27.5	93	0.138
35#	32.5	0.0300	28.1	106	0.129

以温度下降斜率 K_{Tj} 和温度上升斜率 K_{Ts} 为因变量，以相应试样的克重 X_1、厚度 X_2、透气性 X_3、回潮率 X_4 为自变量分别进行多元逐步回归，得式（4-44）：

$$K_{Ts} = 0.0255 + 1.032 \times 10^{-4} X_3 \tag{4-44}$$

相关系数 $R = 0.8850$，显著水平 $a < 0.0001$。温度的下降斜率只与试样的透气性显著相关，这说明模拟皮肤出汗后蒸发的水汽主要靠通过织物试样的孔隙带走热量，使微气候区的温度降低，因此织物的透气性对保证人体汗液蒸发散热具有非常重要的作用。当然，本试验中恒温恒湿箱中的风速较高，为 0.6m/s，模拟皮肤和织物间隔了一定的空气层后，由于风的贯通作用，这也增加了透气性的影响。但恒温恒湿箱中的风速如果太低，则箱中的温湿度难以均匀，将直接影响试验的准确性。纺织品稳态条件下热阻和湿阻的测定中规定箱中的风速为 1m/s。32#~35# 4 种试样是用同样的纱线织成的经密相同、纬密不同的织物，透气性不同，它们的测试结果如图 4-31 所示。

织物的克重越大、吸湿性越好，出汗结束后微气候区的温度上升越慢，这是由于克重越大、吸湿性越好的试样在汗液蒸发过程中吸取的水汽越多，在出汗结束后将逐步从织物中向外散发，而在散发的过程中需要吸收热量，因而使微气候区的温度上升较慢。因此在同等条件下，吸湿性强的织物在人

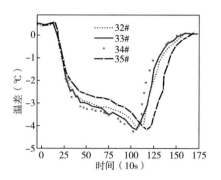

图4-31 不同透气性试样的温度曲线

体出汗结束后更易产生冷感。

三、 湿度曲线及其与织物基本性能的关系

　　人体对于湿度变化虽然不如对温度那样敏感，但当环境温度较高，人体主要通过汗液的蒸发来散热时，湿度的影响也不能忽视。人体出汗后，在通过汗液的蒸发带走热量的同时，也希望衣内湿度具有一定的缓冲能力，不要上升过快，同时上升的幅度较小，并且下降速率较快。由于湿度曲线与第三节的热流曲线具有相似的形状，故湿度曲线也采用类似的方法进行研究，如图4-32所示。

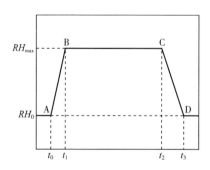

图4-32 微气候区湿度曲线示意图

　　湿度曲线的上升速率用上升段 A-B 间的拟合直线的斜率 K_{RHs}（%/10s）来表示，湿度最大值 RH_{max} 用动态平衡段 B-C 间各点的平均值来表示，湿度曲线的下降速率用下降段 C-D 间的拟合直线的斜率 K_{RHj}（%/10s）来表示，

并且还计算了出汗后湿度曲线 A-B-C-D 间所包围的面积 $S_{\Delta RH}$（% · 10s），各试样的详细数据见表4-8。

表4-8　微气候区湿度曲线的特征值

编号	RH_0(%)	K_{RHs}(%/10s)	RH_{max}(%)	K_{RHj}(%/10s)	$S_{\Delta RH}$(% · 10s)
1#	23.1	3.475	75.8	1.025	5568.3
3#	21.9	3.584	74.9	1.072	5629.9
4#	23.2	3.455	70.9	1.110	5546.3
5#	20.9	3.681	76.9	1.276	5723.4
10#	21.2	2.943	67.8	1.152	4663.4
12#	21.5	2.726	61.5	1.026	3412.9
14#	24.6	2.825	69.8	1.329	3806.6
15#	24.5	4.039	79.6	1.298	5849.0
16#	20.0	3.164	70.6	1.356	5193.8
18#	23.3	2.851	68.8	0.905	4666.2
19#	22.2	2.885	71.3	1.158	4745.2
20#	22.3	3.146	73.1	0.993	4998.8
24#	21.4	3.621	79.4	1.299	5963.6
32#	21.6	2.899	72.0	1.500	4761.5
33#	21.2	2.812	66.1	1.366	4167.0
34#	20.1	2.808	63.5	1.468	3829.6
35#	21.9	3.462	80.5	1.529	5926.4

分别以湿度曲线上升斜率 K_{RHs}、湿度最大值 RH_{max}、湿度曲线下降斜率 K_{RHj}、湿度面积 $S_{\Delta RH}$ 为因变量，以相应试样的克重 X_1、厚度 X_2、透气性 X_3、回潮率 X_4 为自变量进行逐步回归，得到式（4-45）：

$$K_{RHs} = 3.7707 - 7.741 \times 10^{-3} X_3 \qquad (4-45)$$

相关系数 $R = -0.7219$，显著水平 $a = 0.0011$。显然，透气性越大，湿度上升越慢，透气性不同的 32#~35# 4 种试样的测试结果如图4-33所示。

在逐步回归的过程中，没有考虑吸湿能力（回潮率）的影响，这说明水汽主要通过织物孔隙向外散发，织物吸收的水分与之相比可以忽略不计。但如果将试样表面覆盖一层不透气的聚乙烯薄膜，再测试一下纯涤、纯棉、纯

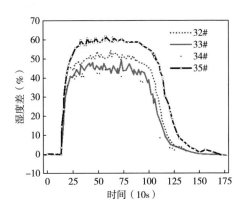

图 4-33 透气性对微气候区湿度曲线的影响

毛织物的微气候区湿度，则发现吸湿性好的织物的湿度上升较慢，即具有一定的吸湿缓冲效果，但织物吸湿饱和后，三者之间便没有了差别，如图 4-34 所示。

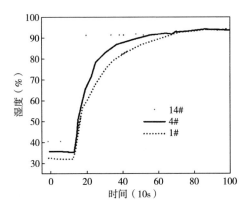

图 4-34 覆盖薄膜后吸湿性不同的织物的湿度曲线

其余变量经逐步回归，结果如下：

$$KH_{max} = 79.23 - 0.111X_3 \qquad (4-46)$$

相关系数 $R = -0.7472$，显著水平 $a = 0.00057$。

$$K_{RHj} = 1.3227 - 0.0383X_4 \qquad (4-47)$$

相关系数 $R = -0.5804$，显著水平 $a = 0.015$。

$$S_{\Delta RH} = 6149.56 - 17.98X_3 \qquad\qquad (4-48)$$

相关系数 $R = -0.8246$，显著水平 $a = 0.00005$。

显然，在织物的基本性能参数中，透气性对微气候区湿度曲线的影响最大，吸湿性的影响主要表现为在微气候区的湿度下降过程中，织物逐步放湿，因而吸湿性好的织物的微气候区湿度的下降速率较慢。

第五章

面料在高温高湿环境中的热湿舒适性评价

第一节 人体试验准备

一、试验服装

用于人体试验的服装为长袖衬衣和长裤，衬衣按原总后勤部生产管理部部颁标准——陆、海、空军长袖衬衣标准 1831（JSB 52—93）制作。长裤按原总后勤部生产管理部部颁标准——陆、海、空军军官夏常服标准（JSB）制作。衬衣和长裤的号型依照标准 GJB 608—88 的规定，分成 5 个号，每个号又分为 5 个型，即 1 号一型、1 号二型、……、1 号五型、……、5 号四型、5 号五型，共计 25 档。1 号一型的服装最小，5 号五型的服装最大。本试验中的服装号型选用处于中间位置的 3 号三型，适合于身高 170~175cm，胸围91~95cm 的人体。主要控制部位的尺寸分别见表 5-1、表 5-2。

表 5-1　长袖衬衣主要控制部位尺寸　　　　　单位：cm

代号	控制部位	3 号三型
1	前身长	74.5
2	前胸宽	41.8
3	上腰围	111.0
4	袖长	60.0
5	袖上肥	23.0
6	后身长	73.5
7	大肩宽	47.0
8	领长	41.0

表 5-2　长裤主要控制部位尺寸　　　　　　　　单位：cm

代号	控制部位	3 号三型
1	裤长	107.0
2	裤腰围	88.0
3	横裆肥	35.0
4	下裆长	77.5
5	脚口肥	24.5
6	臀围	112.0

用于人体试验的 6 套服装见表 5-3。除第 6 号服装的衬衣与长裤使用了不同的涤纶织物外，其余几套服装衬衣与长裤的织物均相同。

表 5-3　人体试验服装

服装号	材料 (见表 4-4)
1	3#纯毛织物
2	5#纯棉织物
3	10#丝绸织物
4	12#亚麻织物
5	24#毛涤织物
6	衬衣为 26#中空涤纶，长裤为 34#涤纶

二、试验人员

挑选身体健康的 4 名男性作为人体试验的受试者，其人体有关参数见表 5-4。

表 5-4　受试者人体参数

编号	年龄 (岁)	身高 (cm)	体重 (kg)	胸围 (cm)
1 *	19	171	59.6	88
2 *	19	173	71.5	92
3 *	19	171	59.7	89
4 *	19	170	57.4	88

三、 试验仪器

人体试验需要在恒温恒湿条件下进行，本试验的恒温恒湿条件由人工气候仓控制，人工气候仓的型号为 ZS800，由上海金山电子设备厂生产，温度的控制范围为 5~40℃，精度 0.3℃，湿度的控制范围为 30%~90%RH，精度 3%RH。

人体试验的汗液蒸发量由上海第二天平仪器厂生产的 XK3050 型人体秤称取，其精度为 2g。

人体运动状态的测量是通过 GRONINGENCORIVAL400 型脚踏测功计进行。

人体代谢量由 MED-CAN 国际医疗仪器公司制造的 2900 型人体代谢测定仪进行测定。

人体的皮肤温度以及皮肤与服装间微气候区的温湿度由 BXC3 型人体测量系统进行测量。该仪器采用的温湿度传感器与第四章中采用的温湿度传感器一样，温度传感器为 PN 结型，精度 0.1℃，湿度传感器为高分子膜型，精度 3%RH。为防止测量微气候温湿度的传感器与皮肤或织物接触，影响测量的准确性，将测量微气候区温湿度的传感器罩在一个小型金属网罩内。BXC3 型人体测量系统可以同时进行多路的皮温测量和微气候区温湿度的测量。

第二节 高温静立状态下服装热湿舒适性的人体试验

一、 试验方法

将人工气候箱的温湿度设置为 (31±0.3)℃，(75±3)%RH，箱内风速为 0.13m/s。用人体秤称取试验前人体裸体（带内裤）质量 G_1 后，将测量皮肤温度及微气候区温湿度的传感器分别用医用胶布贴于人体的前胸、后背、上臂、大腿等部位。

穿上要测试的服装，称取试验前人体穿衣后的质量 G_2。然后进入人工气候仓站立并戴上人体代谢量测定仪的呼吸面罩，开始采集人体代谢量，采集的时间间隔为 1min。与此同时，BXC3 型人体测量系统也开始采集皮肤温度、微气候区的温湿度，采集的时间间隔为 15s。从开始采集的时刻起，每隔

10min 受试者填写一次前 10min 时间内的综合主观热湿感觉值，主观热湿感觉分级见表5-5，感觉值越大，表明越不舒适，最小为0，最大为4。

表5-5　主观热湿感觉分级登记表　　　　单位：cm

感觉特征	舒适等级		第一次	第二次	第三次
不凉不热,无凉热意识	舒适	0			
局部皮肤温热,衣内有热气	暖	1			
身体局部出汗,衣服潮湿	稍热	2			
大量出汗,衣服黏附皮肤	热	3			
大汗淋漓,烦躁头晕胸闷	很热	4			

　　持续30min后结束数据采集（已填写3次主观感觉值），受试者离开人工气候仓，称取人体试验后的穿衣质量 G_3，脱去测试后的服装，摘去贴于人体的传感器，擦干人体残余汗液，换上干内裤，称取人体试验后的裸体质量 G_4，结束试验。服装在进行人体试验以后，进行洗涤、熨烫，并在二级标准条件下进行调湿平衡，以备下次试验。通过人体试验可以得到相应服装的人体皮肤温度 T_s、人体皮肤与织物间微气候区的温度 T、湿度 RH、人体的代谢量 M 等与时间 t 的关系曲线，同时还能得到人体三个阶段的主观感觉值 SD 以及人体汗液蒸发率 e。人体的汗液蒸发率 e 按式（5-1）计算：

$$e = \frac{G_2 - G_3}{G_1 - G_4} \times 100\% \tag{5-1}$$

　　人体动态（显汗）条件下，汗液迅速蒸发即蒸发率较高有利于人体散热及减少湿黏感，实验步骤见表5-6中。

表5-6　高温静立状态下的人体试验步骤　　　　单位：cm

准备阶段	称取试验前的人体裸体(带内裤)质量 G_1,贴好传感器,穿上待测服装,称取试验前的穿衣质量 G_2
采集阶段(30min)	进入人工气候仓站立并戴上人体代谢量测定仪的呼吸面罩,开始采集数据并持续30min后结束,第10min、20min、30min 分别填写 0~10min、10~20min、20~30min 三个时间段内的主观感觉值
结束阶段	离开人工气候仓称取试验后的穿衣质量 G_3,脱去测试后的服装,摘去贴于人体的传感器,擦干人体残余汗液,换上干内裤,称取人体实验后的裸体质量 G_4,结束实验
试验结果	人体皮肤温度 T_s、微气候区的温度 T、湿度 RH、人体代谢量 M 等与时间 t 的关系曲线,人体主观感觉值 SD 以及人体汗液蒸发率 e

二、 试验结果与讨论

绘制高温静立状态下人体皮肤温度 T_s、微气候区的温度 T、相对湿度 RH、水蒸气分压 P、人体代谢量 M 等与时间 t 的关系曲线分别如图5-1~图5-5所示，各服装的人体主观感觉值 SD 以及人体汗液蒸发率 e 分别如图5-6、图5-7所示。

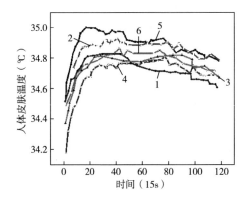

图5-1 高温静立状态下人体皮肤温度—时间曲线

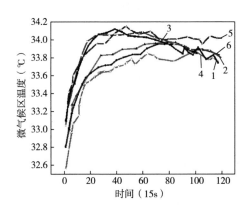

图5-2 高温静立状态下微气候区的温度—时间曲线

图5-1~图5-7中所显示的结果均为各受试者测试结果的平均值，其中的标号为服装号（表5-3）。人体皮肤温度、微气候区温湿度的加权平均值的计算方法如下：

$$T_s = 0.25T_{s前胸} + 0.25T_{s后背} + 0.14T_{s上臂} + 0.36T_{s大腿} \tag{5-2}$$

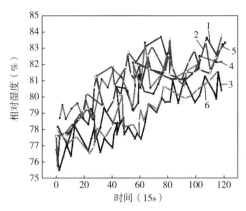

图5-3 高温静立状态下微气候区相对湿度—时间曲线

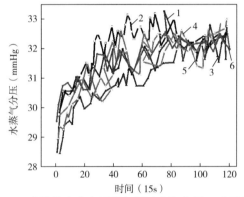

图5-4 高温静立状态下微气候区水汽分压—时间曲线

1mmHg=133.32Pa

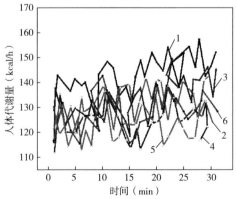

图5-5 高温静立状态下人体代谢量—时间曲线

1kcal=4185.85J

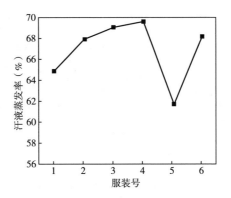

图 5-6　不同服装的汗液蒸发率

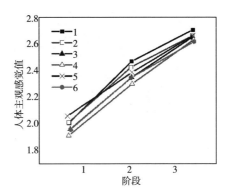

图 5-7　人体主观感觉值

$$T = 0.25T_{前胸} + 0.25T_{后背} + 0.25T_{上臂} + 0.25\,T_{大腿} \tag{5-3}$$

$$RH = 0.25RH_{前胸} + 0.25RH_{后背} + 0.25RH_{上臂} + 0.25RH_{大腿} \tag{5-4}$$

微气候区水汽分压 P（mmHg）的计算方法如下：

$$P = 4.5805\mathrm{e}^{\frac{17.27T}{273.3+T}} \times RH \tag{5-5}$$

从图 5-1 可以看出，受试者进入人工气候仓后，人体皮肤温度开始升高，大约 5min 后人体皮肤温度又缓慢下降，这是由于人体皮肤出汗蒸发导致皮肤温度降低。1 号、2 号和 5 号服装的皮肤温度始终较高，尤其 5 号服装（纯毛织物）升温明显。1 号服装在曲线的尾部表现出了较低的温度，这可能是由于此时其汗液蒸发较快的缘故。微气候区的温度（图 5-2）与皮肤温度有着大致类似的规律。微气候区的相对湿度值自受试者进入人工气候仓后一直在上升，并且其波动幅度比第四章第四节微气候仪测试时要大，这说明人体出汗过程中衣内湿度的变化较剧烈。由于相对湿度受温度的影响，因此将其换算成水蒸气分压显示在图 5-4 中，可以看出水蒸气分压也一直在升高。人体的代谢量在整个测试过程中有升高的趋势，由于受人体呼吸节奏的影响，波动较大。高温静立状态下人体试验全过程的汗液蒸发率（图 5-6）以 5 号服装最低，这可能是由于其厚重且吸湿能力较强，1 号纯毛服装的汗液蒸发率也较低。人体的热湿感觉值在测试过程中逐渐增大。各变量在这一动态测试过程中的平均值见表 5-7。

表5-7　高温静立状态下各变量测试全过程的平均值

服装号	T_s(℃)	T(℃)	RH(%)	P(mmHg)	M(kcal/h)	e(%)	SD
1	34.95	33.94	80.2	31.90	144.2	64.3	2.38
2	34.90	33.93	80.5	31.98	131.5	67.5	2.36
3	34.81	33.81	78.6	31.04	135.7	68.8	2.29
4	34.75	33.67	80.9	31.71	125.2	69.5	2.27
5	34.82	33.97	78.8	31.38	124.8	61.0	2.36
6	34.76	33.70	81.1	31.81	128.6	68.1	2.31

对于如此多的变量，无论以哪一个变量来评价服装的热湿舒适性都是不全面的，为此需对各变量进行主成分分析。由于微气候区温度 T 和皮肤温度 T_s 具有较强的相关性：

$$T_s = 18.37 + 0.487T \tag{5-6}$$

相关系数 $R=0.8014$，显著水平 $a=0.055$，因此，这两个变量只需选入一个即可。下面以皮肤温度 T_s、微气候区的水蒸气分压 P、人体代谢量 M、汗液蒸发率 e 四个变量进行主成分分析。为消除变量量纲不同的影响，先对 1~6 号服装的四个变量进行了归一化（x_i/x_{max}）处理，处理后的值分别记为 $T_s{}'$、P'、M'、e'，主成分分析结果见表 5-8。

表5-8　高温静立状态下人体试验主成分分析结果

主成分	$Z_{J1} = 0.9727T_s{}' + 0.4402P' + 0.819M' - 0.4233e'$			
	$Z_{J2} = 0.0487T_s{}' - 0.6392P' - 0.1246M' - 0.7959e'$			
	$Z_{J3} = 0.0188T_s{}' - 0.6261P' + 0.5316M' + 0.4207e'$			
	$Z_{J4} = 0.2263T_s{}' + 0.0748P' + 0.1762M' - 0.1013e'$			
	Z_{J1}	Z_{J2}	Z_{J3}	Z_{J4}

续表

特征值	1.990	1.060	0.852	0.098
贡献率(%)	49.7	26.5	21.3	2.5
累计贡献率(%)	49.7	76.2	97.5	100

从第一主成分的变量的系数可以看出，皮肤温度 T'_s、水蒸气分压 P'、人体代谢量 M' 越高，汗液蒸发率 e' 越小，则第一主成分的值越大，这说明第一主成分可以用来度量不同服装的热湿舒适性能。第一主成分的值越大，表明越不舒适。第一主成分的计算结果见表 5-9。

表 5-9　高温静立状态下服装的第一主成分值

服装号	1	2	3	4	5	6
第一主成分	1.839	1.747	1.748	1.691	1.738	1.721

高温静立状态下受试者的主观感觉值 SD 与服装的第一主成分 Z_{J1} 的关系如图 5-8 所示。尽管影响人体主观感觉的不确定因素很多，但两者仍具有较强的相关性（相关系数 $R = 0.740$，显著水平 $a = 0.09$），这说明第一主成分 Z_{J1} 的确可以用来衡量服装的热湿舒适性。

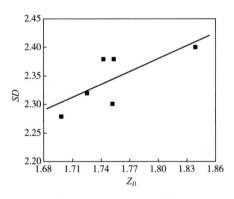

图 5-8　SD 与 Z_{J1} 的关系

为探讨高温静立状态下服装的第一主成分 Z_{J1} 和织物性能的关系，以第一主成分 Z_{J1} 为因变量，以织物的克重 X_1、厚度 X_2、透气性 X_3、回潮率 X_4（6 号服装为 26# 和 34# 织物的平均值）为自变量进行了多元逐步回归统计，得到回归方程：

$$Z_{J1} = 1.677 + 0.0156X_4 \tag{5-7}$$

相关系数 $R = 0.7786$，显著水平 $a = 0.068$。高温静立状态下服装的第一主成分 Z_{J1} 和织物的回潮率 X_4 的关系如图 5-9 所示。显然在高温显汗条件下，吸湿能力强即回潮率大的织物阻碍了汗液的蒸发，这将直接影响人体的舒适感觉。这一点与第四章第三节热流法测定的织物动态热湿舒适性能是一致的，即在动态热湿状态下，织物的吸湿对其蒸发散热起了阻碍作用。由热流法测定的第一主成分 Z_{H1} 与 Z_{J1} 的关系（相关系数 $R = -0.712$，显著水平 $a = 0.1$）如图 5-10 所示。

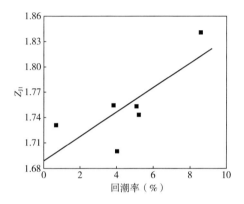

图 5-9　Z_{J1} 与回潮率的关系

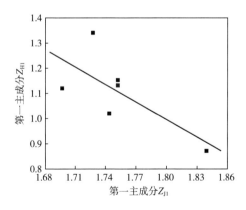

图 5-10　第一主成分 Z_{H1} 与 Z_{J1} 的关系

在多元逐步回归的过程中，织物厚度（质量）和透气性被作为影响不显著的变量不予考虑，这是由于人体处在高温静立状态时，皮肤与织物间的这一空气层多属于静止空气，因而织物的厚度与透气性的影响被削弱了。

第三节 高温运动状态下服装热湿舒适性的人体试验

一、 试验方法

高温运动状态下服装热湿舒适性的人体试验方法与第二节高温静立状态下的试验方法基本一样，不同的只是人体经历了静坐—运动—静坐的过程。由于人体运动时代谢量将增大，与此相适应，将人工气候仓的温湿度适当降低，设置为（29±0.3）℃，（70±3）%RH，箱内风速为 0.15m/s。人体通过脚踏测功计进行运动，脚踏测功计的功率设定为 80W，受试者蹬踏时保持车轮转速为 60r/min。高温运动状态下的人体试验步骤见表 5-10。

表 5-10　高温运动状态下的人体试验步骤

准备阶段	称取试验前的人体裸体(带内裤)质量 G_1,贴好传感器,穿上待测服装,称取试验前的穿衣质量 G_2
采集阶段(30min)	进入人工气候仓静坐于脚踏测功计上并戴上人体代谢测定仪的呼吸面罩,开始采集数据,5min 后开始蹬踏测功计,持续蹬踏 10min 后停止,静坐休息 15min 后结束采集。第 5min、15min、30min 分别填写 0~5min、5min~15min、15min~30mim 三个阶段的主观感觉
结束阶段	离开人工气候仓,称取试验后的穿衣质量 G_3,脱去测试后的服装,摘去贴于人体的传感器,擦干人体残余汗液,换上干内裤,称取人体试验后的裸体质量 G_4,结束试验
试验结果	人体皮肤温度 T_s、微气候区的温度 T、湿度 RH、水蒸气分压 P、人体代谢量 M 等与时间 t 的关系曲线,人体主观感觉值 SD 以及人体汗液蒸发率 e

二、 试验结果与讨论

绘制在高温运动状态下人体皮肤温度 T_s、微气候区的温度 T、相对湿度 RH、水蒸气分压 P、人体代谢量 M 等与时间 t 的关系曲线分别如图 5-11~图 5-15 所示，各服装的人体主观感觉值 SD 以及人体汗液蒸发率 e 分别如图 5-16、图 5-17 所示。

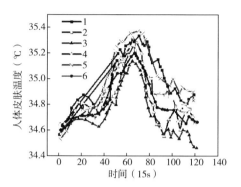

图 5-11　高温运动状态下人体皮肤温度—时间曲线

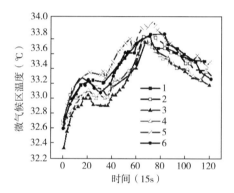

图 5-12　高温运动状态下微气候区温度—时间曲线

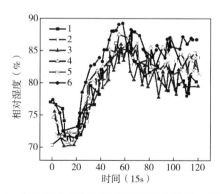

图 5-13　高温运动状态下微气候区相对湿度—时间曲线

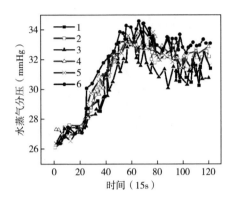

图 5-14 高温运动状态下微气候区水蒸气分压—时间曲线

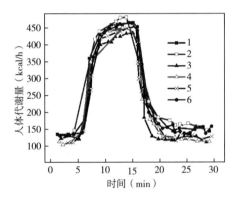

图 5-15 高温运动状态下人体代谢量—时间曲线

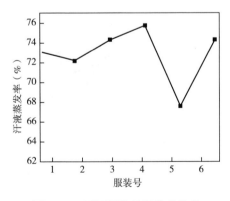

图 5-16 不同服装的汗液蒸发率

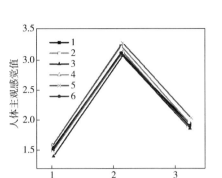

图5-17 人体主观感觉值

图5-11~图5-17中所显示的结果均为各受试者测试结果的平均值，其中的标识号为服装号（表5-3）。测量人体皮肤温度、微气候区温湿度的传感器分别贴在人体的前胸、后背、上臂、大腿等处，其加权平均值的计算方法见式（5-2）~式（5-5）。

从图5-11可以看出，受试者进入人工气候仓后，人体皮肤温度开始升高，5min后受试者开始脚踏运动，由于运动使得服装产生鼓风作用，这样人体皮肤温度短时间内反而有所下降，经过大约5min的运动后，随着体内热量的积累，皮肤温度才逐步上升，10min的脚踏运动结束后，皮肤温度并非马上下降，而是经过一个短时间的上升才开始下降，其中1号、5号服装继续上升的时间较长。微气候区温度（图5-12）的变化规律与皮肤温度的变化规律大体一致，但试样间的差别不如皮肤温度变化明显。微气候区的相对湿度（图5-13）和水蒸气分压（图5-14）自受试者开始进行运动后即上升，运动一停止便开始缓慢下降。人体的代谢量（图5-15）在受试者进行运动后即迅速上升，停止运动即迅速下降。高温运动状态下人体试验全过程的汗液蒸发率（图5-16）以5号服装最低。人体的热湿主观感觉值如图5-17所示，运动时人体感觉更不舒适。各变量在这一动态热湿测试过程中的平均值见表5-11。

表5-11 高温运动状态下各变量测试全过程的平均值

服装号	T_s(℃)	T(℃)	RH(%)	P(mmHg)	M(kcal/h)	e(%)	SD
1	34.96	33.42	78.7	30.43	237.1	73.6	2.29
2	34.84	33.34	79.9	30.74	240.4	72.8	2.29
3	34.71	33.20	78.7	30.03	207.5	75.1	2.16

续表

服装号	$T_s(℃)$	$T(℃)$	$RH(\%)$	$P(mmHg)$	$M(kcal/h)$	$e(\%)$	SD
4	34.83	33.27	80.9	31.01	218.1	76.6	2.20
5	34.97	33.49	80.5	31.25	223.4	67.8	2.36
6	34.82	33.30	83.2	31.92	235.4	75.2	2.23

和高温静立状态下一样，对各变量进行主成分分析。由于微气候区温度 T 和皮肤温度 T_s 具有较强的相关性：

$$T_s = 5.06 + 0.894T \qquad (5-8)$$

相关系数 $R = 0.9627$，显著水平 $a = 0.0021$，因此，这两个变量只需选入一个即可。然后以皮肤温度 T_s、微气候区的水蒸气分压 P、人体代谢量 M、汗液蒸发率 e 四个变量进行主成分分析。为消除变量量纲不同的影响，先对 1~6 号服装的四个变量进行了归一化（x_i / x_{max}）处理，处理后的值分别记为 T_s'、P'、M'、e'，经进行主成分计算，结果见表 5-12。

表 5-12 高温运动状态下人体实验主成分分析结果

主成分	$Z_{D1} = 0.8901T_s' + 0.5374P' + 0.819M' - 0.7086e'$			
	$Z_{D2} = -0.2653T_s' + 0.6517P' + 0.4354M' + 0.5993e'$			
	$Z_{D3} = 0.1146T_s' - 0.53471P' + 0.5158M' + 0.2574e'$			
	$Z_{D4} = 0.3524T_s' + 0.0225P' - 0.1893M' + 0.2691e'$			
	Z_{D1}	Z_{D2}	Z_{D3}	Z_{D4}
特征值	0.092	1.044	0.631	0.233
贡献率(%)	52.3	26.1	15.8	5.8
累计贡献率(%)	52.3	78.4	94.2	100

从第一主成分的变量的系数可以看出，皮肤温度 T_s'、水蒸气分压 P'、人体代谢量 M' 越高，汗液蒸发率 e' 越小，则第一主成分的值越大，这说明第一主成分可以用来度量不同服装的热湿舒适性能。第一主成分的值越大，表明越不舒适。第一成分的计算结果见表 5-13。

表 5-13 高温运动状态下服装的第一主成分

服装号	1	2	3	4	5	6
第一主成分	1.425	1.444	1.310	1.347	1.452	1.426

高温运动状态下受试者的主观感觉值 SD 与服装的第一主成分 Z_{D1} 的关系

如图 5-18 所示。两者具有较强的相关性，相关系数 $R=0.8905$，显著水平 $a=0.017$。这说明第一主成分 Z_{D1} 的确可以用来衡量服装的热湿舒适性。

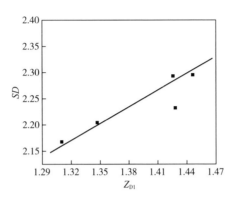

图 5-18　高温运动状态下 SD 与 Z_{D1} 的关系

　　为了探讨高温运动状态下服装的第一主成分 Z_{D1} 和织物性能的关系，以第一主成分 Z_{D1} 为因变量，以织物的克重 X_1、厚度 X_2、透气性 X_3、回潮率 X_4 为自变量进行多元逐步回归统计，得到回归方程：

$$Z_{D1} = 1.257 + 0.7225X_2 - 0.000628X_3 \qquad (5-9)$$

F 检验：$F=5.918$，显著水平 $a=0.057$；$t_3=-2.12$，显著水平 $a=0.091$；t 检验：$t_2=3.025$，显著水平 $a=0.1$。在静立状态下，织物的厚度对服装的第一主成分 Z_{D1} 的影响不大，但在运动状态下，厚重的织物由于不易产生鼓风效应会对第一主成分 Z_{D1} 产生影响；在静立状态下，织物透气性的影响不大，但在运动状态下则表现了出来，而在静立状态下有显著影响的回潮率的影响则变弱了。

　　本织物动态热湿性能测试仪综合了前人制作的仪器的特点并进行了改进，可同时测量定量汗液蒸发（动态）过程中模拟皮肤热损失（热流）及微气候区温湿度，使模拟皮肤热损失测量与微气候区温湿度测量均可在该仪器上完成，两种测试结果可互为补充。

　　利用该仪器可测量定量汗液蒸发过程中的模拟皮肤热损失曲线及微气候区温湿度曲线，确定评价指标，定量地对织物动态热湿舒适性能进行评价。研究表明，吸湿性强的织物对热湿的散发具有较大的阻碍作用。高温静立状态下的人体试验与织物动态热湿性能测试仪的测试结果具有一致性，而高温运动状态下的人体试验由于运动的影响，与织物动态热湿性能测试仪的测试结果差别较大。即织物（服装）的动态热湿舒适性与其稳态时的湿舒适性具有一个显著的不同点：在稳态时，织物（服装）良好的吸湿性有利于湿（热）的散发，而动态时织物（服装）的吸湿性却起着相反的作用，即对热湿的散发起阻碍作用。因此在人体动态（显汗）条件下，疏水性的织物更有利于提高服装的热湿舒适性能，这一结论为人体动态（显汗）条件下的服装选择提供了理论指导。

随着社会的发展进步，人们对于服装舒适性的要求会越来越高。但织物（服装）舒适性的研究很大程度上受测试仪器（主要是传感器）的制约，如目前湿度传感器的精度、稳定性等还难以满足高精度的测试要求，测试精度的提高依赖于今后湿度传感器的发展。此外，人体皮肤出汗部分与感觉部分可以说是一体的，而仪器测试中出汗部分（模拟皮肤）与感觉部分（热流传感器）是各自独立的，这样模拟皮肤的存在给热流传感器对织物的测试增加了障碍，这与真实的人体皮肤还相差甚远。缩小模拟皮肤与真实人体皮肤的差距也许将成为今后的一个研究方向。

参考文献

［1］张欢．阻燃织物热湿舒适性及热防护性能研究［D］．上海：东华大学，2016．

［2］马晨．重纬组织单向导湿涤纶织物的设计及其性能研究［D］．杭州：浙江理工大学，2022．

［3］吕聪．织物热湿舒适性评价［D］．苏州：苏州大学，2007．

［4］李丽．织物接触冷暖感及纤维热导率的研究［D］．天津：天津工业大学，2017．

［5］郑连锋．织物参数与结构对服装热湿舒适性影响［D］．青岛：青岛大学，2004．

［6］孙玉钗．针织物热舒适性能研究与针织保暖产品设计［D］．上海：东华大学，2005．

［7］肖杰．运动状态下防寒服的热湿舒适性研究［D］．苏州：苏州大学，2020．

［8］余佳文．运动型羊毛/涤纶针织物热湿舒适性研究与综合评价［D］．上海：东华大学，2023．

［9］高丽．运动鞋用针织织物设计与热湿舒适性能研究［D］．杭州：浙江理工大学，2017．

［10］曲鑫璐．圆筒式服装微气候仪的开发与性能研究［D］．天津：天津工业大学，2021．

［11］王欢．用于织物热湿舒适性测试的小型气候室温湿度调节［D］．天津：天津工业大学，2018．

［12］朱维维．衣下微气候状态分析及织物湿阻的测量［D］．上海：东华大学，2014．

［13］于淼．衣下空间的表征及服装综合穿着舒适性的评价与预测［D］．上海：东华大学，2012．

［14］宗艺晶．消防服多层织物系统热湿舒适性的评价方法研究［D］．上海：东华大学，2011．

［15］ 王丽文. 吸湿快干运动装的热湿舒适性研究 ［D］. 苏州：苏州大学，2015.

［16］ 孙晓曦. 温度采集控制在纺织品测试领域的应用 ［D］. 武汉：武汉纺织大学，2023.

［17］ 邢小娟. 贴身服装舒适性研究 ［D］. 苏州：苏州大学，2007.

［18］ 王亚静. 湿环境对织物热湿传递及服装热湿舒适性能的影响 ［D］. 苏州：苏州大学，2019.

［19］ 凌群民. 湿汗状态下服装热湿舒适性研究 ［D］. 苏州：苏州大学，2004.

［20］ 李勇翰，刘燕，柏志豪，等. 纱线与组织结构对机织物凉爽性能影响 ［J］. 山东科学，2024，37（1）：80-87.

［21］ 刘丽英. 人体微气候热湿传递数值模拟及着装人体热舒适感觉模型的建立 ［D］. 上海：东华大学，2002.

［22］ 罗雪钢. 暖体假人的研制及系统优化 ［D］. 上海：东华大学，2016.

［23］ 蔡薇琦. 基于小型人工气候室的纺织品热湿舒适性测试装置的研究 ［D］. 天津：天津工业大学，2017.

［24］ 杨杰. 基于人体—服装—环境的高温人体热反应模拟与实验研究 ［D］. 北京：清华大学，2016.

［25］ 李菲菲. 基于出汗暖体假人服装热湿舒适性能研究 ［D］. 杭州：浙江理工大学，2014.

［26］ 郑春琴. 隔热阻燃防护服热防护性能与热湿舒适性的研究 ［D］. 杭州：浙江理工大学，2011.

［27］ 邢雷. 服装热湿舒适性评价与研究 ［D］. 北京：北京服装学院，2008.

［28］ 丁殷佳. 风速与汗湿对运动服面料热湿舒适性的影响及综合评价 ［D］. 杭州：浙江理工大学，2016.

［29］ 颜奥林. 纺织品热湿舒适性能测试及综合评价 ［D］. 无锡：江南大学，2020.

［30］ 黄敏. 仿棉涤纶纤维及其针织物热湿舒适性研究 ［D］. 上海：东华大学，2013.

［31］ 牛梦雨. 防护服热湿舒适性与人体疲劳的关系研究 ［D］. 苏州：苏州大学，2021.

［32］黄佩华，周苗，周荣华．涤盖棉生产工艺技术与实践［J］．广西纺织科技，1999（4）：7-10.

［33］洪晴晴．成纱结构对纱线及织物导湿性能的影响［D］．无锡：江南大学，2021.

［34］周亭．潮湿环境下常见服装面料热湿舒适性研究［D］．北京：北京服装学院，2018.

［35］谷美霞，孙玉钗．不同舒适状态下衣内微气候温度分布研究［J］．天津纺织科技，2008（3）：14-18.

［36］田晓亮，刘丹．服装（织物）热湿舒适性模型的回顾和展望［J］．青岛大学学报（工程技术版），2001（2）：20-23.

［37］李典英，钱晓明．织物热湿传递性能及其评价［J］．现代纺织技术，2007（6）：52-56.

［38］蒋培清．织物动态热湿舒适性能研究［D］．上海：中国纺织大学，1999.

［39］黄建华．服装的舒适性［M］．北京：中国科学出版社，2008.

［40］李毅．服装舒适性与产品开发［M］．北京：中国纺织出版社，2002.

［41］Keith Slater. Human comfort［M］.Illinois，USA：Charles C Thomas Publishing Ltd，1985.

［42］吴汉玉，戴晓群．面料性能对防静电无尘服热湿舒适性的影响［J］．中国个体防护装备，2013（2）：18-21.

［43］顾维铀．功能性针织服装的舒适性［J］．纺织导报，2002（6）：30-32.

［44］王府梅．服装面料的性能设计［M］．北京：中国纺织大学出版社，2000.

［45］KATHRYN L. HATCH. Textile science［M］.Maryland，USA：West Publishing Co，1993.

［46］唐世君．新型消防员用干爽舒适内衣［J］．中国劳动防护用品，2000（3）：19-20.

［47］WONG A，LI YI，YEUNG P. Predicting clothing sensory comfort with artificial intelligence hybrid models［J］.Textile Research Journal，2004，74（1）：13-19.

［48］张柱．服装热湿舒适性和材料的热湿传递特性［J］．广西纺织科技，

1996, 25（2）：21-25.

[49] 赵经书，王祥云．服装穿着热湿舒适性测试与评价［J］．纺织学报，1987（7）：56-59.

[50] 陆建平．服装热湿舒适性测试方法和评价指标［J］．南通工学院学报，1996, 12（3）：59-63.

[51] 刘茜．从服装热湿舒适性的测试看主客观评判的关系［J］．中国纤检，2004（10）：23-25.

[52] 李毅．纺织品热湿舒适性能测试方法研究［J］．纺织学报，1984, 5（12）：5-10.

[53] 郭利强．乒乓球服热湿舒适性研究［D］．北京：北京服装学院，2010.

[54] 史晓昆．服装对人体热舒适影响的计算机仿真研究Ⅲ［D］．上海：东华大学，2004.

[55] 原田隆司，土田和义，内山生．衣服材料的水分和热转移特性［J］．日本纤维机械学会志，1982, 35（5）：203-209.

[56] GAGGE A P, BURTON A C, BAZETT H C. A practical system of units for the description of the heat exchange of man with his environment［J］. Science, 1941, 94（2445）：428-430.

[57] PEIRCE F, REES W. The transmission of heat through textile fabric-Part Ⅱ［J］. Journal of the Textile Institute Transactions, 1946, 37（9）：181-204.

[58] 李汝勤．纤维和纺织品测试技术［M］．上海：东华大学出版社，2005.

[59] 中国国家标准化管理委员会．GB/T 11048—2008 纺织品生理舒适性稳态条件下热阻和湿阻的测定［S］．北京：中华人民共和国国家标准局，2008.

[60] WOODCOCK A H. Moisture transfer in textile systems, Part Ⅰ［J］. Textile Research Journal, 1962, 32（8）：628-633.

[61] WOODCOCK A H. Moisture transfer in textile systems, Part Ⅱ［J］. Textile Research Journal, 1962, 32（9）：719-723.

[62] SPENCER-SMITH J L. The physical basis of clothing comfort, part 4：the passage of heat and water through damp clothing assemblies［J］. Clothing Research Journal, 1977, 5（3）：116-128.

［63］ GOLDMAN R F. Energy expenditure of soldiers performing combat type activities ［J］. Ergonomics, 1965, 8 (3): 321-327.

［64］ HOLLIES N R S, GOLDMAN R F. Clothing comfort: interaction of thermal, ventilation, construction and assessment factors ［M］. Michigan: Ann Arbor Science Publishers, 1977.

［65］ Mecheels J H, Umbach K H. The psychrometric range of clothing systems ［J］. Clothing Comfort. Interaction of Thermal, Ventilation, Construction and Assessment Factors, 1977: 133-152.

［66］ 李凤志. 织物中热、质传递建模及着装人体数值仿真 ［D］. 大连: 大连理工大学, 2004.

［67］ FONSECA G F, BRECKENRIDGE J R. Wind penetration through fabric systems, Part Ⅰ ［J］. Textile Research Journal, 1965, 35 (2): 95-103.

［68］ BRECHENRIDGE J R. Effects of body motion on convective and evaporative heat exchanges through various designs of clothing ［J］. Ann Arbor: Fiber Society Inc, 1977: 153-166.

［69］ 姚穆, 施楣梧, 蒋素婵. 织物湿传导理论与实际的研究 第一报: 织物的湿传导过程与结构的研究 ［J］. 西安工程大学学报, 2001, 15 (2): 1-8.

［70］ 姚穆, 施楣梧. 织物湿传导理论与实际的研究 第二报: 织物湿传导理论方程的研究 ［J］. 西安工程大学学报, 2001, 15 (2): 9-14.

［71］ 李显波, 韩光亭, 狄俊三, 等. 针织运动面料吸湿透气性能的实验研究 ［J］. 纺织学报, 1997 (5): 55-57, 5.

［72］ 崔慧杰, 李红霞, 邱冠雄, 等. 织物动态热湿舒适性能汽相缓冲作用的测试及研究 ［J］. 纺织学报, 1997 (6): 19-22, 3.

［73］ 李文斌, 徐卫林, 崔卫刚. 纺织面料快干性能测试方法探究 ［J］. 针织工业, 2008 (7): 55-57, 71.

［74］ 徐卫林. 一种织物面料两面相对含水量的测试仪器: 中国: CN1282869 ［P］. 2001-02-07.

［75］ HENRY P S H. The diffusion of moisture and heat through textiles ［J］. Discussions of the Faraday Society, 1948 (3): 243-257.

［76］ FARNWORTH B. A numerical model of the combined diffusion of heat and water vapor through clothing ［J］. Textile Research Journal, 1986, 56 (11): 653-665.

[77] 龚文忠, 严灏景, 钱军. 织物稳态和动态传湿性能测定 ［J］. 中国纺织大学学报, 1992 (3): 18-24.

[78] UMBACH K H. Aspects of clothing physiology in the development of sportswear ［J］. Knitting Technique, 1993, 15 (3): 165-169.

[79] 原田隆司. 衣服内气候与衣着 ［J］. 国外纺织技术（针织及服装分册）, 1987 (16): 35-40.

[80] 施楣梧, 姚穆. 纺织品穿着热湿舒适性的应用指标 ［J］. 纺织学报, 1989 (1): 5-8, 1.

[81] 王云祥, 赵书经. 织物热湿传递性能研究 ［J］. 中国纺织大学学报, 1986 (1): 19-25.

[82] DING D, TANG T, SONG G, et al. Characterizing the performance of a single-layer fabric system through a heat and mass transfer model – Part Ⅰ: Heat and mass transfer model ［J］. Textile Research Journal, 2011, 81 (4): 398-411.

[83] DING D, TANG T, SONG G, et al. Characterizing the performance of a single-layer fabric system through a heat and mass transfer model – Part Ⅱ: Thermal and evaporative resistances ［J］. Textile Research Journal, 2011, 81 (9): 945-958.

[84] ELENA ONOFREI, Ana Maria Rocha and André Catarino. Investigating the effect of moisture on the thermal comfort properties of functional elastic fabrics ［J］. Textile Research Journal, 2011, 42 (1): 34-51.

[85] HENRY P S H. Diffusion in absorbing media ［J］. Proceedings of the Royal Society of London. Series A ［J］. Mathematical and Physical Sciences, 1939, 171 (945): 215-241.

[86] OGNIEWICZ Y, TIEN C L. Analysis of condensation in porous insulation ［J］. International Journal of Heat and Mass Transfer, 1981, 24 (3): 421-429.

[87] Ogniewicz Y, Tien C L. Analysis of condensation in porous insulation ［J］. International Journal of Heat and Mass Transfer, 1981, 24 (3): 421-429.

[88] BOUDDOUR A, AURIAULT J L, MHAMDI-ALAOUI M, et al. Heat and mass transfer in wet porous media in presence of evaporation—condensation [J]. International Journal of Heat and Mass Transfer, 1998, 41 (15): 2263-2277.

[89] LI Y, ZHU Q. A model of heat and moisture transfer in porous textiles with phase change materials [J]. Textile Research Journal, 2004, 74 (5): 447-457.

[90] FOHR J P, COUTON D, TREGUIER G. Dynamic heat and water transfer through layered fabrics [J]. Textile Research Journal, 2002, 72 (1): 1-12.

[91] 史晓昆, 倪波. 有限空间内织物导热干燥特性的数值研究 [J]. 现代纺织技术, 2004 (3): 1-4.

[92] LI Y, LUO Z X. Physical mechanisms of moisture diffusion into hygroscopic fabrics during humidity transients [J]. Journal of the textile Institute, 2000, 91 (2): 302-316.

[93] FAN J, CHENG X Y. Heat and moisture transfer with sorption and phase change through clothing assemblies part Ⅱ: theoretical modeling, simulation, and comparison with experimental results [J]. Textile research journal, 2005, 75 (3): 187-196.

[94] 张平昌. 改进的一维多孔织物动态耦合热湿传输仿真模型的研究 [D]. 广州: 中山大学, 2007.

[95] YANKELEVICH V I. The thermal resistance of the air layers in air-permeable clothing [J]. Technology of the Textile Industry, 1971 (1): 108-116.

[96] STUART I M, DENBY E F. Wind induced transfer of water vapor and heat through clothing [J]. Textile Research Journal, 1983, 53 (11): 655-660.

[97] TAKEUCHI, M. ISSHIKI, Y. Ishibashi; Heat transfer on cylinder covered with close-fitting fabrics (Part Ⅰ, wind penetration through fabrics) [J]. Bull JSME 1982, 25 (207): 1406-1411.

[98] TAKE-UCHI M. Analysis of wind effect on the thermal resistance of clothing with the aids of Darcy's law and heat transfer equation [J]. Sen'i Gakkaishi,

1983, 39 (3): 95-104.

[99] Lamb G E R. Heat and water vapor transport in fabrics under ventilated conditions [J]. Textile Research Journal, 1992, 62 (7): 387-392.

[100] LAMB G E R, DUFFY-MORRIS K. Heat loss through fabrics under ventilation with and without a phase transition additive [J]. Textile Research Journal, 1990, 60 (5): 261-265.

[101] LAMB G E R, YONEDA M. Heat loss from a ventilated clothed body [J]. Textile Research Journal, 1990, 60 (7): 378-383.

[102] KIND R, JENKINS J, BROUGHTON C. Measurements and prediction of wind-induced heat transfer through permeable cold-weather clothing [J]. Cold Regions Science and Technology, 1995, 23 (4): 305-316.

[103] KIND R J, JENKINS J M, SEDDIGH F. Experimental investigation of heat transfer through wind-permeable clothing [J]. Cold Regions Science and Technology, 1991, 20 (1): 39-49.

[104] TICKOO S. SolidWorks 2010 for Designers [M]. Pune: CADCIM Technologies, 2010.

[105] 孙肖子. 模拟电子技术基础 [M]. 西安: 西安电子科技大学出版社, 2002.

[106] 何希才, 张薇. 传感器应用及其接口电路 [M]. 北京: 科学技术文献出版社, 1996.

[107] 何希才. 传感器及其作用 [M]. 北京: 国防工业出版社, 2001.

[108] 张洵, 靳东明, 刘理天. 半导体温度传感器研究进展综述 [J]. 传感器与微系统, 2006, 03: 1-3.

[109] 胡寿松. 自动控制原理 [M]. 6 版. 北京: 中国科学出版社, 2013.

[110] HU J, LI Y, YEUNG K W, et al. Moisture management tester: a method to characterize fabric liquid moisture management properties [J]. Textile Research Journal, 2005, 75 (1): 57-62.

[111] 于丽丽, 王剑华, 殳伟群. NTC 热敏电阻器在高精度温度测量中的应用 [J]. 传感器技术, 2005, 12: 75-77.

[112] 沙占友, 薛树琦, 葛家怡. 湿度传感器的发展趋势 [J]. 电子技术应用, 2003, 07: 6-7.

［113］ 肖学华. NTC 热敏电阻温度传感器高精度负温度系数［J］. 世界电子元器件，1997（12）：53-55.

［114］ 王魁汉. 温度测量实用技术［M］. 北京：中国机械工业出版社，2007.

［115］ 孟凡文. NTC 热敏电阻的非线性误差及其补偿［J］. 传感器世界，2003，5（3）：12-16.

［116］ 明树，殿义. 工程热力学［M］. 北京：化学工业出版社，2008.

［117］ 刘伟，范爱武，黄晓明. 多孔介质传热传质理论与应用［M］. 北京：中国科学出版社，2006.

［118］ 李志强，黄顺，郭华新. 基于 SHT10 的数字温湿度计设计［J］. 广西轻工业，2007，23（11）：35-36.

［119］ ATKINS P W，DE PAULA J. Physical chemistry［M］. Oxford：Oxford University Press，1994.

［120］ SPASOV G，KAKANAKOV N. Measurement of Temperature and Humidity using SHT 11/71 intelligent Sensor［J］. Electronics，2006，9：22-24.

［121］ YANG W，ZHANG G. Thermal comfort in naturally ventilated and air-conditioned buildings in humid subtropical climate zone in China［J］. International Journal of Biometeorology，2008，52（5）：385-398.

［122］ 于伟东. 纺织材料学［M］. 北京：中国纺织出版社，2006.

［123］ HEARLE J W S，MORTON W E. Physical properties of textile fibers［J］. Textile Institue，2008.

［124］ FAN J，LUO Z，LI Y. Heat and moisture transfer with sorption and condensation in porous clothing assemblies and numerical simulation［J］. International Journal of Heat and Mass Transfer，2000，43（16）：2989-3000.

［125］ FAN J，CHENG X，CHEN Y S. An experimental investigation of moisture absorption and condensation in fibrous insulations under low temperature［J］. Experimental Thermal and Fluid Science，2003，27（6）：723-729.

［126］ 胡寿松. 自动控制原理简明教程［M］. 北京：中国科学出版社，2008.

［127］ 于伟东，储才元. 纺织物理［M］. 上海：东华大学出版社，2003.

［128］ 姚穆，周锦芳，黄淑珍. 纺织材料学［M］. 北京：中国纺织工业出版社，1980.

［129］ LI Y，XU W，YEUNG K，et al. Moisture Management of Textiles：U S

Patent 6499338 ［P］. 2002-12-31.

［130］朱庆勇，李毅. 一个多孔有机织物热湿传递过程的数学模型 ［J］. 计算力学学报，2003，06：641-648.

［131］李欣. 织物（第五结构相）热湿传递机理模型研究 ［D］. 青岛：青岛大学，2003.

［132］毛俊芳，董卫国. 环锭纺纱线横断面结构的研究 ［J］. 现代纺织技术，2007（5）：1-2.

［133］李鸿顺，钱坤，曹海建. 毛纱截面结构参数的提取与分析 ［J］. 毛纺科技，2007（6）：47-50.

［134］PEIRCE F T, REES W H. 12—The transmission of heat through textile fabrics, Part II ［J］. Journal of the Textile Institute Transactions, 1946, 37 (9)：181-204.

［135］JEON B S, CHUN S Y, HONG C J. Structural and mechanical properties of woven fabrics employing peirce's model ［J］. Textile Research Journal, 2003, 73 (10)：929-933.

［136］杨世铭，陶文铨. 传热学 ［M］. 4 版. 北京：高等教育出版社，2006.

［137］印永嘉，奚正楷，张树永. 物理化学简明教程 ［M］. 北京：高等教育出版社，2007.

［138］俞昌铭. 多孔材料传热传质及其数值分析 ［M］. 北京：清华大学出版社，2011.

［139］凯斯. 对流传热与传质 ［M］. 4 版. 北京：高等教育出版社，2007.

［140］全国纺织品标准化技术委员会. GB/T 4668—1995 机织物密度的测定 ［S］. 北京：中国标准出版社，1995.

［141］CALLISTER W D, RETHWISCH D G. Fundamentals of materials science and engineering ［M］. Hobgen, USA：Wiley, 2013.

［142］李长友，钱东平. 工程热力学与传热学 ［M］. 北京：中国农业大学出版社，2004.

［143］陈六平，童叶翔. 物理化学 ［M］. 北京：中国科学出版社，2011.

［144］LEVINE I N. Physical Chemistry ［M］. New York, USA：McGraw Hill Education, 2008.

［145］JONES W P. Air Conditioning Engineering ［M］. Oxford：Butterworth-

Heinemann Ltd，2000.

[146] SPARROW E M, ABRAHAM J. Advances in Heat Transfer [M]. Netherlands：Academic Press Inc 2013.

[147] BANK W, BOM G J. Evaporative Air-conditioning：Applications for Environment Friendly Cooling [M]. Washington, USA：World Bank Publications, 1999.

[148] BOUDDOUR A, AURIAULT J L, MHAMDI-ALAOUI M, et al. Heat and mass transfer in wet porous media in presence of evaporation—condensation [J]. International Journal of Heat and Mass Transfer, 1998, 41 (15)：2263-2277.

[149] 马庆芳. 实用热物理性质手册 [M]. 北京：中国农业机械出版社, 1986.

[150] 陈玉波. 纺织面料快干性能探究 [D]. 武汉：武汉科技学院, 2006.

[151] HU J, LI Y, YEUNG K W, et al. Moisture management tester：a method to characterize fabric liquid moisture management properties [J]. Textile Research Journal, 2005, 75 (1)：57-62.

[152] LI Y, ZHU Q, YEUNG K W. Influence of thickness and porosity on coupled heat and liquid moisture transfer in porous textiles [J]. Textile research journal, 2002, 72 (5)：435-446.

[153] 吴海军, 钱坤. 毛织物及孔隙对其透气性的影响 [C]//西安工程大学. 2006中国国际毛纺织会议暨IWTO羊毛论坛论文集. 江南大学纺织服装学院, 2006：258-261.

[154] 刘倩, 沈兰萍, 卢士艳. 棉织物紧度对其热湿舒适性能的影响 [J]. 西安工程大学学报. 2013, 27 (1)：29-31.

[155] 原田隆司. 衣服的快干性と感觉测量 [J]. 日本纤消志, 1995, 36 (1)：24-29.

[156] 姚穆. 服装穿着舒适性的要求和认识的转变 [C]. 北京：总后军需装备研所论文集, 1998：39-40.

[157] 三平和雄. 被服机构·衡生的特性 [J]. 日本纤维学会志, 1986, 42 (9)：32.

[158] 欧阳骅. 服装卫生学 [M]. 北京：人民军医出版社, 1985.

[159] GAGGE A P, BURTON A C, BAZETT H C. A practical system of units for the description of the heat exchange of man with his environment [J]. Science, 1941, 94 (2445): 428-430.

[160] WOODCOCK A H. Moisture transfer in textile systems, Part Ⅰ [J]. Textile Research Journal, 1962, 32 (8): 628-633.

[161] WOODCOCK A H. Moisture transfer in textile systems, Part Ⅱ [J]. Textile Research Journal, 1962, 32 (9): 719-723.

[162] SPENCER-SMITH J L. The Limitations of Woodcock's " Moisture Permeability Index" [J]. Textile Research Journal, 1975, 45 (3): 220-222.

[163] 魏润柏, 徐文华. 热环境 [M]. 上海: 同济大学出版社, 1994.

[164] 原田隆司, 森下橡郎. 汗水分的对应 [J]. 日本纤消志, 1997, 38 (7): 362-368.

[165] L. 福特, N.R.S. 霍利斯. 服装的舒适性与功能 [M]. 曾俊周, 译. 北京: 纺织工业出版社, 1984.

[166] N.R.S. 霍利斯, R.F. 戈德曼. 服装的舒适性 [M]. 西安: 陕西科学技术出版社, 1991.

[167] 施楣梧. 纺织材料热湿传递性能的理论与实践研究 [D]. 上海: 中国纺织大学, 1994.

[168] 施楣梧. 纺织品热湿传递性能的物理测试与评价指标 [J]. 纺织中心期刊, 1995, 5 (5): 378-383.

[169] 施楣梧, 姚穆. 热湿传递中交叉效应的探讨 [J]. 纺织高校基础科学学报, 1995, 8 (1): 1-5.

[170] HARDY JR H B, BALLOU J W, WETMORE O C. The prediction of equilibrium thermal comfort from physical data on fabrics [J]. Textile Research Journal, 1953, 23 (1): 1-10.

[171] BEHMANN F W. The influence of climatic and textile factors on the heat loss in drying of moist clothing [M]. Oxford: Pergamon Press Ltd., 1962: 273-279.

[172] MECHEELS J H, DEMELER R M, KACHEL E. Moisture transfer through chemically treated cotton fabrics [J]. Textile Research Journal, 1966, 36 (4): 375-384.

［173］原田隆司，土田和义，内山生．衣服内气候模拟装置［J］．日本几维机械学会志，1982，35（5）：203-209．

［174］川端季雄．布的热、水分移动特性测定装置的试制及应用［J］．日本纤维机械学会志，1984，37（8）：130-141．

［175］松本义隆，等．试制装置研究织物的热、水分移动特性和舒适适应性的检讨［J］．日本纤维机械学会志，1988，41（11）：566-575．

［176］李毅．纺织品热湿舒适性能测试方法研究［J］．纺织学报，1984（12）：709-713，706．

［177］施楣梧．人体的舒适感与纺织品的热湿舒适性［D］．西安：西北纺织学院，1987．

［178］王云祥，赵书经．织物热湿传递性能研究［J］．中国纺织大学学报，1986，12（1）：19-23．

［179］FARNWORTH B. A numerical model of the combined diffusion of heat and water vapor through clothing［J］. Textile Research Journal，1986，56（11）：653-665．

［180］若野宽睦，等．通过模拟皮肤注水测定织物的热、水分移动特性的测定法［J］．日本纤维机械学会志，1992，45（3）：38-47．

［181］龚文忠．纺织品热湿传递研究［D］．上海：中国纺织大学，1994．

［182］VMBACH K H. Aspects of Clothing Physiology in the Development of Sportwear，Knitting Technique［J］.1993，5（3）：1-7．

［183］崔慧杰，施鸿才．织物动态热湿舒适性能汽相缓冲作用测试仪的研制［J］．纺织标准与质量，1996，（2）：25-27．

［184］诸岗静美，丹羽雅子．内衣材料的热和水分转移特性［J］．日本纤消志，1986，27（11）：495-502．

［185］诸岗静美，诸岗英雄．热、水分移动特性及影响因素［J］．日本战消志，31996，7（6）：300-307．

［186］诸岗静美，诸岗英雄．寒冷环境下人体—衣服系统的热、水分移动特性—环境温度急剧变化的场合［J］．日本家政学会志，1991，42（10）：849-855．

［187］诸岗静美，诸岗英雄．寒冷环境下叠穿方法对人体—衣服系统的热、水分移动特性的影响［J］．日本家政学会志，1991，42（7）：635-

641.

[188] 内山生，土田和义，原田隆司．ンシクスの着用感と衣服内　气候シミュレーシヨン装置による解析［J］．日本纤维机械学会志，1982，35（5）：210-218.

[189] 原田隆司，土田和义，中田淳子．穿着感和衣服内气候模拟装置的解析［J］．日本纤维机械学会志，1982，35（6）：247-255.

[190] 土田和义，原田隆司，大岛浩，等．环境条件、着装状态、状态对服装内气候影响［J］．日本纤维机械学会志，1982，35（7）：302-306.

[191] 原田隆司，土田和义．人工气候室内衣用皮肤纤维［J］．日本纤维机械学会志，1983，36（9）：392-399.

[192] 原田隆司，土田和义．铁维材料的亲水特性对衣服内气候的影响［J］．日本机械学会志，1983，36（12）：586-595.

[193] 土田和义，安达淳美，原田隆司．潮湿状态下服装内的气候［J］．日本机械学会志，1986，39（7）：247-252.

[194] 钱军，龚文忠，严灏景．织物动态传热传湿性能的研究［J］．中国纺织大学学报，1992，18（2）：18-25.

[195] 曹俊周．国外暖体假人研究概况［J］．总后军需装备研究所服装功能研究专辑，1986.

[196] 李俊，张渭源．丙纶针织物湿传递性能研究［J］．纺织学报，1999（4）：235-239，263.

[197] 田村照子．穿着舒适性对温热生理的研究［J］．日本家政学会志，1993，44（9）：703-712.

[198] 土田和义，安达淳美，原田隆司．润湿状态下织物的服装内气候［J］．日本纤维机械学会志，1986，39（7）：253.

[199] 同前保彦，等．发热垫子的制作［J］．日本纤维机械学会志，1989，42（11）：605-616.

[200] MEINANDER H. 纤维学会第3次衣服舒适性国际研讨会集［J］. 1994：51-52.

[201] WEDER M S, ZIMMERLI T, ROSSI R M. Performance of Protective Clothing［J］. ASTM STP, 1995, 1237: 257.

［202］ T ZIMMERLI. The 6th International Symposium on Performance of Protective Clothing Emerging Protection Technologies ［M］. Orlando：1996.

［203］ 日本人劳工学会. 服装与人体 ［M］. 东京：日本出版服务，1980.

［204］ 姚穆，周锦芳，等. 纺织材料学 ［M］.2 版. 北京：纺织工业出版社，1990.

［205］ 张渭源. 织物透湿机理研究 ［J］. 中国纺织大学学报，1987，13（3）：75-79.

［206］ FOURT L，CRAIG R A，RUTHERFORD M B. Cotton fibers as means of transmitting water vapor ［J］. Textile Research Journal，1957，27（5）：362-368.

［207］ PARREZ MEHTA. 内衣服装水分传输的必要条件 ［J］. 纤维加工，1985，37（7）：346-358.

［208］ HARRIS M，MIZELL L R，FOURT L. Fiber Structure ［J］. Textile Research，1942，12（9）：11-17.

［209］ FURUTA T，SHIMIZU Y，KONDO Y. Evaluating the temperature and humidity characteristics of a solar energy absorbing and retaining fabric ［J］. Textile Research Journal，1996，66（3）：123-130.

［210］ 戴自祝，刘震涛，韩礼钟. 热流测量与热流计 ［M］. 北京：中国计量出版社，1996.

［211］ 方佩敏. 新编传感器原理·应用·电路详解 ［M］. 北京：电子工业出版社，1994.

［212］ 王家桢，王俊杰. 传感器与变送器 ［M］. 北京：清华大学出版社，1996.

［213］ 张培仁，刘振安，丁化成. 单片微机应用与实践 ［M］. 合肥：中国科技大学出版社，1993.

［214］ 高桥清. 传感器技术入门 ［M］. 北京：国防工业出版社，1985.

［215］ 何伟仁，王恒，宋增福. 传感器新技术 ［M］. 北京：中国计量出版社，1989.

［216］ 赵书经. 纺织材料实验教程 ［M］. 北京：纺织工业出版社，1989.

［217］ 林少宫，袁蒲佳，申鼎煊. 多元统计分析及计算程序 ［M］. 武汉：华中工学院出版社，1987.

［218］魏季宣．数理统计基础及其应用［M］．成都：四川大学出版社，1991．

［219］服装功效室．夏服舒适性研究［M］．西安：总后军需装备研究所，1993．

［220］毛顿 W. E.，亥尔 J. W. S. 纺织纤维物理性能［M］．上海市棉纺织，工业公司技术研究委员会，译．北京：中国财政经济出版社，1965．

［221］中岛利诚，边藤绿．织物的干燥机理［J］．日本纤维学会志，1981，37（9）：347-353．

［222］杨维权，刘兰亭，林鸿洲．多元统计分析［M］．北京：高等教育出版社，1989．